建筑景观设计与城市规划

王 强 张 彬 王艳梅 主编

吉林科学技术出版社

图书在版编目（CIP）数据

建筑景观设计与城市规划 / 王强，张彬，王艳梅主编 . -- 长春 : 吉林科学技术出版社，2020.10
ISBN 978-7-5578-7559-6

Ⅰ . ①建… Ⅱ . ①王… ②张… ③王… Ⅲ . ①城市景观—景观设计 Ⅳ . ① TU984.1

中国版本图书馆 CIP 数据核字（2020）第 200196 号

建筑景观设计与城市规划

主　　编	王　强　张　彬　王艳梅
出 版 人	宛　霞
责任编辑	汪雪君
封面设计	薛一婷
制　　版	长春美印图文设计有限公司
幅面尺寸	185mm×260mm
开　　本	16
字　　数	200 千字
印　　张	9.25
印　　数	1-1500 册
版　　次	2020 年 10 月第 1 版
印　　次	2021 年 5 月第 2 次印刷
出　　版	吉林科学技术出版社
发　　行	吉林科学技术出版社
地　　址	长春净月高新区福祉大路 5788 号出版大厦 A 座
邮　　编	130118

发行部电话 / 传真　0431—81629529　　81629530　　81629531
　　　　　　　　　　81629532　　81629533　　81629534

储运部电话　0431—86059116

编辑部电话　0431—81629520

印　　刷	保定市铭泰达印刷有限公司
书　　号	ISBN 978-7-5578-7559-6
定　　价	40.00 元

前 言

　　建筑景观学是一门综合性质的学科，涉及园林学、艺术学、植物学、环境学以及生态学等学科，同时也是一门古老的艺术学科。然而，建筑景观设计走到今天依然存在诸多问题，而完善并发展该学科的重任自然而然就落到了景观设计师的身上。只有对其中存在的问题及时进行科学的修正，才能使城市建筑景观朝着对人类居住和社会文化有益的方向快速发展，同时也促进建筑业的进步。

　　建筑景观规划指在进行具体实施前，所制定的总部署。该阶段要结合地区的地理环境、地势以及资源情况，对经费、场地、工期和具体设计进行预估和部署。因此，制定切实可行的景观规划对于日后的景观设计起到关键性的指导作用。优秀的景观规划往往具备可行性、前瞻性、准确性、全面性等特点。

　　实际上，当今的城市建筑景观规划与现实产生了无法逾越的"鸿沟"，规划和现实完全脱节，不接"地气儿"。具体体现在以下几方面：首先，建筑规划有失完整，将重心放在景观设计上，针对特色园区的规划、建筑要素的配置以及专项规划几乎空白；其次，建筑景观规划缺乏科学性。制定规划前，没有对当地的环境因素、地理因素、资源因素等综合的环境因素进行充分考察，导致制定出的规划缺乏科学性，无法与当地环境相符，出现与国家宏观调控布局脱节，重复建设的问题；最后，所制定的景观规划过于宽泛片面，对日后建设过程中所遇到的未知因素考虑不够周全；再者，操作过程随心所欲改变原定规划，不按套路出牌，最终导致原定规划偏离轨道，与实际脱节。

　　综上所述，良好的城市建筑景观不单单是为了创造出良好的居住氛围，更能体现出一个城市的文明程度和文化传统，它彰显的是一座城市的独有魅力。虽然当今的建筑景观设计依然存在诸多问题，相信专业人士通过不停地摸索和突破，定能将建筑景观设计推向国际水平。

☰ 目 录 ☰

第一章 建筑景观设计的理论研究

第一节 绿色建筑景观设计

随着人们生活质量的提高，对绿色发展理念越来越重视，建筑存在于我们生活中，成了我们人类赖以生存的环境，其设计的好坏，对我们的健康影响较大。所以就促使了设计人员对绿色建筑景观的设计研究，本节从绿色建筑与景观设计的关系出发，对绿色建筑设计要点进行了详细分析，并阐述了景观设计理念在绿色建筑方面的应用。

绿色建筑成为当前城市建设的代名词，面对高速发展的城市化进程，绿色建筑顺应了时代的发展，促使景观设计应用到绿色建筑中，并对城市生态系统的改善起到了重要的决定性作用。绿色建筑的核心就是将建筑融入我们生存的大生态系统中，实现建筑与景观的有机融合，使建筑与景观达到和谐统一。绿色建筑不仅仅符合国家大力提倡的节能理念，减少了资源不必要的浪费，而且还满足了人们高品质生活的需求。

一、绿色建筑与生态景观设计的关系

（一）绿色建筑的定义

绿色建筑主要涵盖了环保、节能、健康、效率四个方面，绿色建筑实现了资源的合理化利用，得到最大限度的发挥，实现了人与自然和谐发展。绿色建筑一个重要的宗旨就是对环境的破坏达到最小，避免给大自然带来沉重的负担。绿色建筑重要强调以下三项：①建筑要通风换气；②室内绿化的理念独具创新；③绿色建筑采用的材料尽可能选择循环可利用的资源。绿色建筑是建立在不破坏生态环境的前提下，要达到节水、节能、节地、节材的目标，从而达到保护环境的目的。

（二）绿色建筑与景观设计结合的联系

绿色建筑的发展需要在其中加入景观的元素，景观的室外环境设计核心应该是朴素的、简单的，与生态、自然相结合，设计的内容和形式与地方性、民族性特点相结合。小区的喷泉、雕塑、亭台、大理石铺装等则是过于强调装饰性的景观，与绿色建筑的理念相违背。小区的景观设计在保证建筑环境的舒适度下，用可循环利用的材料、较少的投入、简单施工、最大限度地利用原有的自然环境，就势造景。一般使用本地乡土植物树种，尽量少用化石能源进行景观局部改造，并且可以达到较好的景观效果。绿色建筑生态景观设计要因

地制宜，让小区整体风格与原有空间相融合和协调。

二、绿色建筑景观设计的重要性意义

传统的建筑设计理念不注重对大自然的保护，为了保护我们赖以生存的居住环境，在建筑建造的过程中，必须要尊重大自然，顺从大自然的要求，避免出现人为改变的情况。提高土地的利用率，实现人与自然的可持续发展，景观设计就是建筑设计与自然的相互对话，自然系统生长这各种各样的生物，也构成了景观设计的原材料。

绿色建筑融入景观设计要在大自然可以容纳的范围内，实现生态系统的重复利用，达到自身净化的作用，使其可以循环利用，减少施工过程中的废弃物，不仅节约了建筑开发商的成本，而且产生了极大的社会效益和经济效益。

三、绿色建筑景观设计要点

建筑工程在实施前：①要考虑建设绿色建筑工程，对绿色建筑选址时，安全要排在第一位；②对选址位置进行地质勘测，然后根据检测报告，开始对建筑工程方案的编制，根据绿色建筑的设计目标要求，尽量选择土地利用率的旧城区，旧城区属于已经开发的建筑用地，避开生态敏感的地区，可以抵抗自然灾害因素的干扰，从而制定最佳的实施方案。施工方案要详细制定，各种复杂因素要考虑周全，避免不必要的设计变更，问题提前考虑全面，避免对周围建筑物产生影响，从而确定最佳方案。方案要本着节约用地、减少自然资源浪费为前提，进而达到降低开发成本的目的，尽量可以保护周围环境不受到破坏，施工过程中要严格遵循设计方案，方案要有细化、针对性的措施。

建筑规划要重视功能区域的选择，根据现有的景观条件，对功能区进行详细划分，合理规划，让绿色建筑更加安全、绿色、节能、环保。根据绿色建筑的规模，以及地理位置，注重和周围环境的协调和配合，达到把握整体建筑特征的要求，设置合适的建筑间距，满足建筑采光、防火的要求。

建筑设计时要尽量多地采用可循环利用的资源，材料对环境不会产生污染，不损害周围环境，采用绿色可再生能源。绿色建筑在设计的时候要加大对可再生资源的利用，减少建筑对传统能源依赖，传统能源不可再生，环境负担重，开发易损坏周围生态环境。建筑设计要加大对太阳能、水能、风能、生物质能等可再生能源的深层开发和使用，降低建筑能源利用时对周围环境方面的影响。

四、绿色建筑生态景观设计在实际中的应用

绿色建筑生态景观设计改变传统建筑功能简单，绿化景观设计简单的模式。生态景观设计使原来功能建筑和生态绿化景观进行了完美结合，二者成了一个综合体。使现代商业建筑、住宅小区结合独立庭院绿化、平台绿化、屋顶花园的中心庭院设计思想的建筑与生态景观结合的综合体。

绿色建筑景观设计要充分利用原生态环境资源。自然的生态景观和人力设计相比而言，

有着很大的优势，最好的景观设计就是最大限度地保护了自然生态景观设计。建筑工程的场地尽量不采用人工造湖，不破坏自然水系为前提，保护湿地系统的生产平衡，对生态保护区友好相处，景观设计过程中建筑物的反光要达到不影响周围居民的要求，避免对其他生态环境产生光污染。

绿色建筑景观设计要与当地绿色植物相映，尽量不破坏现有植物环境，不打破生态平衡，采用因势而导模拟自然界的高山谷地景观。

绿色建筑景观设计的能源利用设计。建筑工程设计在阳光充足的地带，应适当增加绿色能源供能系统，降低项目对传统电力的依赖，将绿色能源规划和景观设计进行紧密结合。绿色建筑结合生态景观设计使建筑综合体更加节能，能源利用率高。根据当地气候和自然资源条件，项目适度使用绿色和可再生能源。例如，绿色建筑使用的太阳能发电系统，在建筑色彩设计中，应结合当地季节长短的特点，运用不同的色彩吸收太阳能，既可以将太阳能板与建筑房顶、墙面和景观外表面结合，又可以起到装饰建筑和景观的作用，这样建筑发挥了发电作用，一些建筑的太阳能发电量甚至超过了建筑用电量。

绿色建筑的水利用与景观设计结合。传统建筑为了最大限度地利用土地，地面硬化面积大，热岛效应明显，而且还造成雨水系统的压力，对城市污水管网构成一定的冲击。然而通过景观设计可以一定程度上降低建筑对传统水源的依赖，景观设计以其独有的海绵生态系统，对初期雨水进行了有效回收。建筑工程采用合适的高度差达到了路面周围植被对雨水的蓄容，雨水收集系统把蓄水池和景观水池进行相连，在下大雨时，可以达到对雨水调蓄的能力，大大减轻了排水的压力，不仅达到了回收雨水的目的，还可以在干旱时对景观进行回用灌溉，节约了水源，避免了雨水和污水的混合。

绿色建筑景观设计地面采用透水砖设计，绿化地面和镂空植草砖、室外停车位以及部分道路采用由透水面层、找平层和透水垫层组成透水材质；地库顶面景观设置雨水排水设施；除地库外其他土层要采用非黏土，增加土地储水量，透水地面面积一般占项目室外地面积的60%以上。

绿色建筑景观根据收集的初期雨水，将这些雨水重复利用，采取高效的节水灌溉方式。景观灌溉系统采用喷灌与微灌相结合的自动控制系统。选用压力补偿滴灌系统，防止倒吸。对草坪和花卉类用旋转型微喷喷头，并依据用水量选不同喷头。各种不同样式喷头的选择不仅满足了绿化灌溉的需要，而且起到了完善生态景观的作用。

绿色建筑隔热景观设计的应用。绿色建筑隔热设计可以采用屋顶绿化、垂直绿化的方式进行，夏季，绿色植物在建筑屋内，可以达到降尘缓冲的作用，还可以自然采光遮阳，减少玻璃温室效应的影响，可以在室内多层次引入绿色植物系统，绿色植物因其具备生物智能技术，温度和湿度可以控制在合理的范围内，进而发挥了建筑物内实现了完美的生态效益。另一个方面就是采用隔热储温的实体保温材料，提高了建筑外维护结构的柔性、保温性和施工的便捷性。室内采用绿色植物作为室内隔热系统，可以让人赏心悦目地处于其中，给人一种舒适的惬意感。

绿色建筑生态景观设计反映了人们一种新的美学观和价值观，是人们对于建筑的全新要求；它是让自然参与设计一种理性的融合；是人们重新感知、体验和关怀自然的过程。景观对于绿色建筑的影响和设计，决定了建筑工程未来的发展方向。发展绿色建筑以及相关的景观设计任重而道远，人们要以人与自然协调共处为目标，克服困难，寻找适合人类居住的绿色建筑环境。

第二节 建筑景观设计艺术

设计艺术在于发现身边的事物，很好地去改变使它变得独特赋予美的变化，不再单一空洞，而是有更多的层次效果，贴近自然展现出来的艺术。本节主要以三个方面进行阐述：建筑的设计艺术、景观的设计艺术、以及建筑与景观的关系。

设计师首先是工程师，设计师会将大自然的巧夺天工通过自己的方式给人们直观的感受，艺术是有生命力的，尊重生命的多种形式，像启蒙家黑格尔。艺术就是不断通过学习找出属于自己的最佳经营方法。建筑也同样如此，应该是一个独特的存在，独特的价值，就会有生命力。

一、建筑的设计艺术

建筑大师扎哈哈迪德的广州大剧院，她的建筑塑造的比较大气，空间宽阔，善于应用曲线融入建筑中去，被称为建筑女魔头的她设计的建筑独特而有魅力。

在国内，有着地域代表性的建筑能标志整个城市的特点，如世界华人建筑师贝聿铭苏州博物馆的设计，融入苏州南方的地域特色，结合苏州山水园林且十分"优雅"的表现了出来，舒服自然。北方的故宫建筑，就比较庄严对称，宫廷建筑显得更加肃穆，充满着仪式感。南北建筑的差异很明显的对比，建筑的设计艺术是无限的、多样的、有个性的，如果千篇一律，那就没有味道了。需要创新区引领未来的设计，让建筑活起来，走到一个地方有着不同的风格建筑，这样的设计才是有灵性的设计。

文化是这个时代的前提，有文化的艺术设计更能打动人的心灵。设计艺术打动了自己才能打动别人，建筑亦是如此，建筑是一种空间艺术，将想法实现的艺术，需要考虑人文环境、地域环境、甚至审美性。需要不断地探索发现美，艺术不等同于美，艺术的个性使得建筑本身的独特性。

二、景观的设计艺术

景观设计的绿化、水景、生态廊道、植物等这些都是艺术的塑造，将每一个景物融合在一起的环境艺术设计。国内感触颇深的就是俞孔坚教授提出的"海绵城市"，一套雨水季节的吸水、蓄水、渗水、净水的水循环景观生态河道。通过全面发展自然生态功能和人工干预功能，有效控制雨水径流，实现自然积蓄、自然入渗、自然净化生态河道方式。有利于修复河道水生态、涵养水资源，在汛期实现防洪、排涝的功能。大量运用低维护的乡草植被、水草、野花等自然式驳岸营造良好的高生态景观。采取"渗流、滞流、蓄水、净化、利用、排水"等工程措施控制河流径流。

在材料上应用新兴的透水铺装，让雨的结构通过当地的渗透，以控制地表径流、雨水收集等目的。透水砖的新兴材料的应用，很好地改善了生态环境，景观设计大师俞孔坚教授设计的稻田校园，设计眼光放长远看，不仅让学生与校园联系在一起，还和生活联系在一起，"谁知盘中餐，粒粒皆辛苦"让学生体会生活的多样性，这样人性化的设计，体现的"生存的艺术"，让学生在稻田里学习读书，不失为一种艺术，这就是独特的艺术，所以他成功了，景观的元素很多，关键看怎么应用的恰到好处。

景观设计大师俞孔坚教授设计的上海世博后滩公园，会"呼吸"的公园，种植了各色农作物，每个时节都可以采摘，发展了旅游业的同时，也改善了环境景观，将公园设计的舒适自然，更贴近生活。

三、建筑与景观的关系

建筑设计和景观设计是相辅相成、融合一起的，建筑离不开景观，景观也同样离不开建筑，设计是相通的，发挥着形式与功能的作用。景观设计不是一副施工图那么简单，它需要发现这形势与功能的变化，如屋顶花园，全流程跟踪，一点点积累的数据，都是在不断变化着的，我们需要遵循它的变化，达到精确度。

建筑设计和景观设计的完成不是靠一个人的力量，关键在于整个团队的力量，成功不是一个人的成功，而是整个团队的成功。对于整个项目而言，每个人都发挥的重要性，缺一不可，整个环节需要所有人齐心协力的配合，这样才是最好的状态体现。设计流程包括研究、实验、决定和实施，开始一个项目之前，需要做好前期工作，调研准备，前期做的工作好，在利于后面的实施，每个步骤都是相当重要的，项目的表达也要有着一定的广度和深度。有一点极其重要就是细节，建筑与景观的设计都需要细节，细节做到位了，才会精致，才会成为艺术品，给人美的享受。而这个细节是很多的，铺装、台阶、墙体、甚至是植物、水景、目光所及处，都可以做到细节极致。也许不需要过度的复杂，未必是一种正确的打开方式，可能，简单点，把该有的都有，植物或者墙体做得更精致些，会更适宜居住。

综上所述，建筑设计和景观设计是密不可分的，是一个有机统一体。人们会更多地考虑人性化的设计，以弱势群体为标准，设计一些公共设施。关注妇女儿童老人，以及残疾人士，为他们去设计更多适合的设施建筑，人性化的景观设计，人性化的建筑设计，这样的设计是温暖的，让世界变得温暖。

第三节 儒家文化思想与中国建筑景观

基于中国建筑景观设计，围绕儒家文化，从设计过程中的文化表现、儒家礼乐布局、儒家比德、比兴文化以及儒家美学思想四个角度对儒家文化为现代建筑景观设计带来的影响、意义进行深入分析，得出建筑景观设计发展离不开儒家文化支持的结论。

建筑是固态形式的艺术，对于建筑景观设计而言，建筑的自身功能并不全是唯一的属性，在某种情况下，建筑的文化属性要比其实用性更加重要。纵观中国建筑的景观设计历程，儒家文化始终占据着绝对地位，产生了十分深远的影响。如今，城市建设步伐加快，现代化水平逐渐提高，它所提倡的"节能环保、环境保护"理念与儒家文化提出的"天人合一"保持高度的一致，基于儒家文化的景观设计必然会返璞归真，所以对建筑景观设计中的儒家文化理念进行深入研究是具有重要现实意义。

一、中国建筑景观设计过程中的儒家文化表现

儒家文化蕴含着丰富的内容，是我国古代文化发展的重要组成部分，儒家文化的基本精神可归纳为以下几个方面：刚健、爱国、救世、民本、人道、群体以及创造。儒家文化囊括的所有文化在景观设计中均有所体现，具有一定指导作用。同时，儒家文化经久不衰，建筑景观设计能以固定的形式使这一文化发扬光大，由此可见，儒家文化与建筑设计是息息相关的，二者存在十分紧密的联系。

就目前来看，通过多年的发展，建筑景观设计时至今日已演变成一门综合性的学科，其基本知识渗透主要包括：艺术形式、景观效益、人文、史实、心理、地域以及科技等。在景观设计这一独特表现形式的不断发展进程中，儒家文化的具体应用还需做到持续更新。因此，建筑景观设计现在面临的主要问题是儒家文化转换。

这一现实问题在许多建筑中都已得到了有效的解决，例如世博会中国馆，建筑自身所能表现出的内涵较为直接，给人以耐人寻味之感，使得偌大的中国馆好似由积木搭建形成，从直观上看，其可以很好地表现出"斗拱"这一理念。然而，中国馆主要想表达却是和谐观念，此观念不仅象征国家文化，还是民族精神进一步升华的结果。"和天下"可谓是中国馆设计中儒家文化的高度呈现，表现出了浓厚的民族自信心，其文化内涵十分丰富、深入。

除此之外，中国馆所蕴含的最主要的意义还是良好的融合了儒家文化，并且也没有舍弃实际需求，在中国馆中运用的先进科技比比皆是。比如，中国馆门窗使用新型 LOM-E 玻璃，这种材质的玻璃不仅可以反射热量、减少能源消耗，还能将其自身吸收到的能源转换成照明供能，建筑顶端还设有雨水收集装置，可在满足防水需求的基础上，实现综合利用目标。儒家文化与现代技术的完美融合，可以使建筑景观上升至更高的层次。

二、儒家礼乐布局与建筑景观设计

我国传统文化中的礼乐以"中庸"为主，儒家文化提出的思想在很大程度上影响了建筑的景观设计，使得设计手法、方式都出现了一定的改变。中庸思想的具体影响主要体现为礼乐，其在儒家文化当中是一种十分重要的社会规范。礼乐中的"礼"是指尊卑有序，是对社会基本制度提出的绝对强调，致力于确保社会井然有序，推进国家繁荣发展。"礼"对于建筑设计的主要影响，在官方建筑中较为明显，北京故宫即为一个典型。从故宫的整体设计中看，每一处都表现出"礼"方面的痕迹，其中，所有正殿均对称分布于中心线之上，且都通过人工进行增高，在很大程度上表现出了封建帝国的中央集权，象征尊卑有序。

"乐"并不是指人们熟知的"音乐"，而是一种自由理想，与"礼"相辅相成，如果将"礼"作为等级制度的深化，则"乐"就是对于自由与隐逸的无上追求，从建筑景观设计角度讲，"乐"提倡的是静怡与规避。这点在园林景观中体现的较为明显，比如苏州园林的个园，由于个园为清朝盐商建立，所以它并未受到封建帝王气息的影响，着重体现"乐"的形式，园林景观中关于"乐"的组成部分有许多，如"春山""冬山"以及"桂花厅"等，它们可以很好地与园林自然环境相协调，满足了因地制宜方面的需求，从分布位置方面看，并没有强行的规定和限制，分布随意，这不仅是对于大自然的尊重，更是对自由与隐逸的无上追求。

三、儒家比德、比兴文化与建筑景观设计

在以往的文化内涵当中，比德、比兴十分重要。其中，比德主要指的是基于诗歌文化的设计产物，通过植物、事物等表现出主人的真实情感，比如众所周知的四君子、岁寒三友等。从客观角度分析，比德更像是对于自然的审美观念，强调以主观为核心，对自然活动进行分析，同时将"品行""道德"作为审美标准，并在设计中使用具有较高"品行""道德"的植物，以此表现主人独特的审美高度和艺术追求。因此，儒家理念的景观设计注重选取具有深厚内涵的植物，实际情况中较为常见的有：松、竹、梅等。

广义上讲，比兴和比德十分类似，同样都是通过植物、事物等表现出主人的真实情感，但比兴更加重视情感倾向，具体表现内涵也更加偏向于实用，比如在园林景观中设置石榴树，代表主人向往多子多福；在园林景观中设置紫荆，代表主人向往兄弟和睦等。如果说比德代表诗人阶级，而比兴在平民阶层更受重视，因为其情感表达更加直接、实用。

四、儒家美学思想与建筑景观设计

和谐之美。儒家文化的核心思想为"天人合一"，认为大自然和人类必须和谐共处，既不是自然决定所有的"天命论"，也不是人类改变自然的"人本论"。在建筑设计的漫长岁月里，儒家文化发挥着至关重要的指导作用。然而随着社会的高速发展，人们逐渐忽视了儒家文化的重要作用和意义，使得自然环境屡屡遭受重创。因此，建筑景观设计离不开儒家文化的鼎力支持，必须始终贯彻"天人合一"这一指导思想，以此从根本上推动人

与环境和谐发展。和谐之美主要体现在如下几方面：

顺应自然。景观布局和设计必须与自然地形、现有绿化相顺应，在尊重自然环境的前提下开展景观设计工作。

师法自然。尽可能模仿自然，在人为设计、构建过程中，效仿基于自然的景观布局和形式，使景观可以与自然无限接近，消除隔阂之感。

因势利导。建筑景观设计实质上是自然环境的深层修饰，在具体实施过程中应充分运用自然特征，善于用景、借景，确保人为因素可以和自然良好融合。

对称之美。"中庸"是儒家文化的重要组成，该思想在景观设计中的具体体现主要是"尚中"，即为"对称"。如今，很多城市、民居的规划建设均强调布局的有序性。传统的对称文化现已上升至重要的设计文化，在实际的景观设计中有着广泛的应用，未来的一切设计活动也会始终遵循这一理念，结合当代需求，适当融入先进理念，以此创造优质设计作品，弘扬我国传统文化内涵。

儒家文化是中国传统文化的典型，其会对社会的多个层面造成影响，特别是建筑景观设计，在注重"节能减排、环境保护"的趋势中，儒家文化的意义和作用逐渐凸显。因此，在实际的设计工作中，应根据现实需求，在充分利用儒家文化的基础上，对其进行适当的优化改进，从而发挥出儒家文化所具有的重要意义和作用。

第四节　立体绿化与城市建筑景观设计

在进行城市的建设与管理时，建筑景观设计贯穿于全过程。而立体绿化在城市建筑的景观设计中的进一步深入应用，不仅提高了城市建设的绿化程度，也使相关的建设过程得到了进一步的细化与具体化。本节通过对立体化的含义与应用形式进行说明，对立体绿化在城市建筑景观设计应用中的必要性进行了分析，对推进立体绿化在城市景观设计中的应用提出了建议。

随着城市化进程的加快，使城市人口的数量也随之增加，这为城市的建设带来了更加严峻的考验与压力。尽管建筑的密度与层次，在一定程度上，有效地缓解了由人口所带来的各方面压力。但城市的绿化发展却存在一定的滞后，并对城市生态的环境产生严重的不良影响。因此，为提升城市的绿化率、有效的保持城市内的生态平衡，使立体绿化在城市建筑设计中得到更为充分的应用。

一、浅析立体绿化的含义与应用形式

立体绿化的含义。立体绿化，也可以称为垂直绿化，通过攀缘植物在建筑物的立面或顶面进行绿化、美化；其具体的施工方式主要有固定、攀附、垂吊等。立体绿化具有增加湿度、降温、降噪、以及除菌等作用；它可以对城市的热岛效应进行有效的改善，使城市的生态环境得到有提升。立体绿化不但可以对城市绿化的不足，进行有效的弥补，使绿化的层次得到进一步的丰富；同时，加强了城市建设的美观效果，实现城市建设与环境的和谐与统一。

立体绿化的主要应用形式：

墙面绿化。墙面绿化是指在建筑物的各种围墙表面，利用铺贴或攀附的形式进行植被布置，从而进行立体绿化，它具有占地面积小、绿化面积大的特点。在进行实际的墙面绿化时，应以墙面的材质与颜色为参考依据，对应用的植物进行合理选择。比如，在表面粗糙的墙面，可以选取攀爬类植物进行绿化；而针对比较光滑的墙面，则应选用吸附性较强的植物进行绿化。

屋顶绿化。在进行屋顶绿化时，为增加绿化的美观性，应采取绿色植物与花卉相结合的形式进行绿化；使建筑物的生态性与美观性得到更进一步的体现。当前，屋顶绿化这一立体绿化形式，在城市景观设计中具有极为广泛的应用，它使建筑物与植物融为一体，使生态平衡得到有效的保障。

阳台绿化。阳台在建筑物中具有极为重要的作用，它可以有效地对建筑的室内与室外进行连接；它可以供人们进行休息与休闲。因此，对阳台进行有效的绿化是极为重要的；这不仅使建筑的观赏性得到有效的提升，也使建筑的生态环境得到有效的改善。阳台绿化有效的体现了立体绿化的整体性与全面性。需要注意的是：首先，由于阳台面积的有限性，因此在对绿化植物进行选择时，应选择一些生命力较强的中小型植物，比如一些浅根性的植物或中小型的花木等。其次，在对阳台进行布置时，应充分的考虑植物的生长状况与阳台的美观性，注重植物与阳台整体搭配，使立体绿化得到充分的发挥。

二、立体绿化在城市建筑景观设计中应用的必要性

有助于推进城市的绿化建设。随着城市化迅速的推进，使各项城市建设、基建工程等被全面推进。而城市建设的进一步推进，会对城市的绿化产生一定的影响，可能会使城市的生态环境降低。立体绿化这一新型建设，则可以对城市用地紧张、绿化程度低等问题，进行有效的解决；从而有效推进城市的绿化建设。

有助于维持城市的生态平衡。随着城市绿地面积的缩减，不仅导致城市绿化率降低，也对城市的生态环境产生一定消极的影响。为有效的维护城市生态的平衡，使城市居民获得最佳居住环境，需要进行更为深入、全面的城市绿化建设。而立体绿化可以有效对绿化面积进行扩展，从而加强城市的绿化覆盖面，进而有助于城市生态平衡的保持。

三、推进立体绿化在城市景观设计中应用的建议

加强立体绿化应用的合理性与科学性。首先，在进行立体绿化时，应对建筑的结构进行充分的了解；并对植物的搭配进行科学、合理的搭配；使立体绿化的要素与环境可以进行更为充分的融合，进而在实现生态效益的同时，使立体绿化的美观性得到提升。在进行立体绿化设计时，要充分考虑光照、热量等植物的生长条件，打造出适宜植物景观的生态

环与生态链，为植物创建更为适宜的生长环境。

其次，要对立体绿化的植物种类进行丰富。对植物资源进行充分的挖掘，营造出良好的绿色植物景观效果，如常春藤、勿忘我、紫罗兰等植物，可以进行立体绿化的栽植，以打造更具特色的绿化景观。

然后，在进行立体绿化时，要与先进的技术进行有效的结合。将先进的技术、工艺，以及材料，有效的融入立体绿化建设；并对相关的植物种植、养护等技术进行构建与完善。现阶段，可以有效地利用网络信息技术，实现对植物的自动灌溉，进而可以使相关的成本得到有效的控制，进而使植物的管理压力得到进一步缓解，促使绿化的工作效率得到进一步提高。

此外，要加强对绿色植物的养护管理。对植物的生长环境进行改善，并对土壤的结构进行适当的调整；同时，在墙面铺盖农用塑料网等材料，使墙面的粗糙度得到进一步增加，使其更适合植物进行攀爬。在对植物进行管理时，应注重加水肥的管理，增设植物滴灌系统；在保持植物水分充足的同时，使墙面保持一定的湿度，便于植物的攀爬。

在进行植物配置时，应注重显现地方特色。由于城市的规模都各不相同，其经济的发展程度也不一致；且各个城市所处的自然条件、资源，以及相关的地域文化也存在着较大的差异。因此，在进行城市立体绿化时，应因地制宜，有效地与当地的自然、人文资源等，进行有效的结合，并进一步融入当地的文化特色，展现地域文化；这样才可以提升立体绿化的有效性与实用性。在对绿化植物进行选取与配置时，应充分考虑当地的自然与土壤环境，最好以本地的植物为主，这样不仅可以使生态效益得到提升，还可以进一步显现地方的特色。

做好立体绿化应用的宣传与培训工作。首先，应提升城市绿化工作人员的专业技能与素养能力。提升相关机构与人员对城市绿化的认识；加强城市建筑设计与工作人员的对先进专业理念与知识的学习，提升其对先进绿化技术的有效应用。其次，加强对城市绿化与立体绿化建设的认识，提高大众对保持城市生态平衡的重要性的认知。相关单位以及部门，要对相关的知识与内容进行大力的宣传与推广，是全民参与绿化的积极性得到进一步提升；同时，建立全民的绿化意识。借此，使城市绿化等相关工作得到顺利的推广。

立体绿化是一种现代化的建筑设计理念。它使绿色植物与建筑物可以进行更为有效的结合；在对人们的建筑景观需求得以满足的同时，也使城市绿化的需要得到充分的实现。现阶段，城市化与发展得十分迅速，这使城市绿化的压力越来越大。而为对相关问题进行有效的解决与缓解，使立体绿化在城市建设中得到了充分的运用。这不仅使人们对绿色景观的需求得以满足，还进一步地改善了城市的生态环境，提升了城市绿化的覆盖面。

第五节　城市建筑景观设计中的环境艺术

城市建筑景观环境艺术设计是实现城市美化的重要途径，同时也是城市建筑景观所要达到的目标，其不仅要体现环境艺术设计的基本要求，还要体现当地环境特色、文化特色及背景，从而实现城市建设的可持续发展，基于此，本节通过阐述了城市建筑景观设计中的环境艺术设计原则，对城市建筑景观设计的环境艺术设计现状及其策略进行了探讨分析。

一、城市建筑景观设计中的环境艺术设计原则分析

局部与整体的统一原则。城市建筑景观设计不仅要体现建筑景观的功能与特性，还要能反映出整个环境的艺术效果。设计较为注重整体的统一，但细节部分也是不能忽视的。在设计的过程中，每个组成要素都是要纳入考虑的。要合理地对各个部分的特性进行考虑，这样才能将这些部分更好的应用到整个景观的设计当中，从而实现部分与整体的自然统一；

与历史人文相结合的原则。我国地域辽阔，再加上不同的地区有各自不同的居住习惯，这就使得不同地区不同城市所产生的地理人文具有一定的差异，不同的人文差异对建筑景观的设计有着较为深刻的影响。在对建筑景观的环境艺术进行设计时，应充分考虑当地的文化特色和历史人文。设计出的景观要符合当地的特色，要赋予建筑景观一定的文化内涵，并承载一定的历史、人文精神，这不仅提高了建筑景观的社会地位，而且也对人们的思想精神有一定的影响，这正是建筑景观设计的功能所在；有形与无形结合的原则。景观环境艺术设计主要是对室外空间的设计，这里的空间有有形与无形之分。有形空间的构成要素有颜色、形状、效果等，主要的表现为整个环境的和谐统一；而无形的空间则主要是指整个空间所带给人们的舒适、自然、和谐、统一的感受，以及带给人们的精神上的满足。有形的空间艺术与无形的空间艺术带给人们的感受，以及其所产生的社会效果都是不可估量的对环境艺术空间进行设计时，应充分考虑有形空间与无形空间的特点。将两种空间的设计理念进行有机的结合，进而设计出完美的景观环境。

二、城市建筑景观设计的环境艺术设计现状分析

当前对城市建筑景观设计只考虑建筑的规划设计，待建筑完工之后，然后在空闲的地方建设花园、水池、草坪等，而实际的景观设计不只是这么简单，一个完整的建筑景观设计必须综合考虑环境设计，也就是说要在环境设计的基础上对整个建筑景观进行规划设计。在建筑景观的整个设计过程中，整个项目开展需要以环境设计来指导完成。城市建筑景观设计的现状主要表现为：（1）绿化树种的选择品种单一，不符合植物生长的规律。需要绿化的工程，在选择绿化树体时，主要选择法国梧桐、香樟，且有些城市为了体现环境艺术效果，片面引用已经长成老树的大树，这种过渡单一的设计类型不符合植物物种群落的

竞争和依存关系，其单一种类的设计往往导致出现生长不良或容易引起虫害高发等问题。（2）过度绿化，华而不实。很多城市建筑工程项目都在重视绿化的作用，但出现了在进行景观设计时，过度进行花坛草坪的设置和使用的现象，这种现象不仅不符合环境艺术美观的原则，降低了环境的艺术效果，呈现出华而不实的特点，同时造成了相当大的浪费，提高了绿化成本。（3）物种选择倾向外地化，缺乏本地环境特色。一些城市建筑景观设计，盲目引进外来品种，单纯追求环境艺术效果，很多建筑景观设计人员并不熟悉植物的特点，盲目引进，在环境艺术设计中，很少考虑使用本地植物，因此形成的城市形象缺乏本地特色和个性，使得环境艺术设计脱离了实际的本市生活的真实性，同时也背离了其原本含义。环境艺术并不是简单的组装艺术，而是在本地环境基础上的美化和升华，为满足当地人的环境需求而设计的。

三、城市建筑景观设计中的环境艺术设计策略

城市建筑景观设计中的环境艺术设计策略主要体现在：综合考虑城市设计等相关因素。城市景观设计并不是单纯的一项工程，不是单个项目、单个社区内的环境的简单的组合，而应该和整个城市的设计、景观相结合，和周边的环境相融合，包括与景观、建筑之间的关系，甚至还需要将城市的市政建设也考虑在内，将城市总体设计综合考虑、相互结合，从而实现城市整体的设计统一、协调，体现环境艺术的特性。合理搭配相关物种。城市建筑景观设计必须反映环境艺术效果，并反映其稳定和丰富性能，体现环境的均衡性。在进行城市建筑景观设计时，在物种选择上要合理，增加物种组合，以实现建筑景观的稳定性、自然发展性及和谐性，使得景观不仅能够体现地域特点，还能够体现文化色彩的多样性及环境艺术的多样性。充分应用地方资源，体现地方特色。体现地方特色是目前城市建筑景观设计中很容易忽略的问题。其要求就是要求保留当地的环境特色，体现当地的文化特点，尽可能的选用当地的资源进行设计。对所使用的材料尽可能进行创作、加工，减少材料的运输消耗和废弃物的产生。这种方法还可以实现当地资源利用的最大化，同时降低成本，体现地方特色。

综上所述，城市建筑景观设计中的环境艺术设计不仅需要各方面知识文化背景，还要求相关人员充分认识城市文化内涵及其发展。在设计过程中不仅要将当地的历史人文特色巧妙地展现出来，还要充分考虑建筑景观与自然的和谐统一，同时要保证建筑景观的艺术特性，还应重视其对环境及社会的影响。只有综合考虑各个因素，才能实现城市建筑景观与环境的高度统一。

第六节　水利工程中的建筑景观设计

在水利工程施工中，建筑景观的建设受到广泛关注与重视，相关部门在对其进行设计的过程中，应当根据当前实际工作要求，制定完善的景观设计方案，以便于提升水利工程建筑师景观设计工作水平，满足当前的审美要求与环境保护需求。

在水利工程建筑景观设计工作中，要保证其整体和谐性，合理选择景观的类型，保证可以提升水利工程中，建筑景观的建设水平，满足水利工程的建设需求，对各类内容进行合理的改善。

一、水利工程建筑景观设计原则分析

在实际设计工作中，设计者应当遵循先进的设计原则，保证整体景观的和谐性，突出重点内容，提升景观类型选择工作效果。具体原则为以下几点：

第一，和谐性原则。在水利建设工作中，应当保证建筑景观的和谐性，对形体元素、材料元素与颜色元素等进行合理的掌控，避免受到景观元素的影响出现不和谐的问题。设计者在实际设计期间，还要将各类元素汇集在一起，保证从整体的和谐发展角度出发考虑各类问题，在主次分明相互协调的情况下，提升建筑景观设计工作可靠性与有效性。

第二，突出相关重点内容。在建筑景观设计的过程中，需要突出重点内容，强调整体性的发展，在简化设计的情况下，突出重点内容，将机械设备作为主要的结构，将附属设备作为辅助的结构，在外形与颜色区别的情况下，科学添加各类装饰与陪衬的物品，以便于提升整体的协调性，突出重点内容，建立现代化的设计机制，提升工作效果。

第三，重点选择设计类型。在实际设计工作中，要合理选择设计类型，制定完善的分析机制，明确设计外形，在此期间，不仅要保证设计优美性，还要节省施工建设原材料，突出重点工程建设内容，提升水利工程建筑景观设计效果。

第四，遵循以人为本原则。在设计工作中，要遵循以人为本的工作原则，树立正确观念，在全面分析自然环境的情况下，制定完善的规划决策方案，全面考虑人们的需求。对于周边环境而言，其对于人们的心理与行为等都会产生直接影响，因此，设计者要结合大局建设要求与人们的需求等，合理选择新技术与工艺材料，发挥现代化技术方式的积极作用。

二、水利工程建筑景观设计重要性分析

在我国经济发展的过程中，人们的生活水平逐渐提升，欣赏能力也开始增强，水利旅游成了重点关注的内容。水利旅游行业是社会发展进步产物，对于建筑景观的设计具有严格要求，为了更好地对行业进行开发，国家开始将水利工程与景观设计工作联系在一起，能够达到利国利民的发展目的，带动各个部门更好的协调。在此期间，可以带动部分专业

人才就业，建设相关旅游经典，更好地对旅游行业的收入等进行分析，协调各类工作之间的关系，以便于明确景观设计要求，提升工作可靠性与有效性。在水利工程建筑景观中，可以更好地体现国家政治元素与文化内涵，能够凸显国民生活水平，具有一定的历史意义。

第一，水利工程建筑景观设计工作，不仅可以发挥水利工程的灌溉功能与发电供水功能，还能体现其旅游行业的发展优势，能够促进社会的可持续发展与建设。在近几年水利工程发展的过程中，已经开始出现生态化建设方面的问题，受到污染问题的影响，不能保证其长远发展与进步。然而，在建筑景观设计之后，可以针对污染问题进行全面的分析与应对，逐渐地提升规划设计工作水平。

第二，水利工程建筑景观设计工作，有利于解决城市问题，协调水利建筑与生态环境之间的关系，在平衡发展的情况下，更好地开展河道景观规划设计工作，形成多学科交叉的发展机制，不仅可以提升国家与社会经济效益，还能减少负面影响，促进核心体系的建设，减少生态环境问题。

第三，在水利工程建筑景观设计工作中，相关部门能够合理开展河道整治等工作，建设现代化的城市绿化发展机制，通过合理的规划，提升自身工作效果。

三、水利工程建筑景观设计措施

在水利工程实际发展的过程中，相关部门应当重视建筑景观的规划设计工作，根据其实际发展特点，明确规划建设标准，加大管理工作力度，以便于完成景观规划等工作任务，建立多元化的发展平台，满足当前实际工作需求。

（1）水环境的设计构思。水利工程建筑景观设计部门在规划设计中，需要重点关注视觉效果，对水环境进行合理的分析与设计，形成城乡一体化的绿化系统，以便于提升整体结构的建设水平。在水利工程设计工作中，还要制定完善的生态设计方案，合理使用草地植被，在保护生态系统的基础上，为生物营造良好的生存环境，在一定程度上，能够达到良好的规划设计目的。

（2）艺术应用思路。水利工程建筑景观设计工作涉及的学科知识较为广泛，例如，园林绿化学科知识、给排水学科知识等，因此，在实际设计工作中，需要聘用不同专业优秀人才相互配合，更好的对其进行规划与设计。在我国社会不断发展的过程中，人们对工程使用效果与视觉效果等较为关注，因此，设计部门要结合当前的实际工作要求与未来发展趋势，对物质与精神文明等要求进行分析，提升统筹规划设计工作合理性与科学性，建设现代化技术水平的景观设计方案，营造良好的发展环境。

（3）建筑材料的应用措施。对于水利工程建筑景观而言，建筑材料会直接影响其感官，且水利工程暴露在室外，经常会受到雨水与其他自然环境的影响，出现结构腐蚀的现象。因此，在选材的过程中，不仅要保证其外观美感，还要提升材料的抗风与抗沙性能，增强其抗腐蚀能力。同时，在选择材料期间，应当保证颜色为白色或是蓝色，使得材料的颜色与水利工程环境相互适应，以便于提升工程的建设水平。

（4）总平面设计措施。在总平面设计工作中，需要根据水利工程建筑物与其他配套设施的应用要求，制定完善的设计方案，以便于提升规划设计的合理性与科学性，对各类区域进行全面的布局，在明确区域功能的情况下，提升交通的便利性与可靠性。同时，对于建筑物之间，要保证其关联性，为人们营造良好的休息区域，在此期间，还要根据区域的生态问题等，对环境格局进行处理，在明确特色景观内容的基础上，建立现代化水利工程建设系统，凸显当地的特色结构。

（5）造型设计措施。在水利工程建筑景观造型设计的过程中，应当明确整体风格与特点，对工程建设手法进行明确，提升造型管理工作效果，重点突出建筑结构中的文化内涵，对于不同造型与风格的建筑物而言，应当协调设计方式，凸显整体建筑的规划要求，保证设计工作效果。在设计工作中，还要重视当地历史文化的展现，满足游客的精神需求，凸显历史意义，保证在水利工程建设期间，提升建筑景观设计工作水平、优化其发展机制。

在水利工程建设期间，建筑景观设计工作较为重要，有利于促进水利旅游行业的良好发展，建立现代化的生态保护系统，因此，设计者在实际工作中，要对各类内容进行积极的探讨，掌握专业设计手法，提升自身工作效果。

第七节　城市建筑景观设计中的漏洞与对策

在现代化都市社会的发展下，建筑与景观的发展空间也得到了有效地拓展，建筑景观不再是单一的对自然的模拟，而是成为与城市建筑相辅相成的一个部分，但是，就目前来看，城市建筑景观规划设计中还存在着一系列的问题。本节主要对其中的问题与对策进行分析。

随着城镇化的不断发展与进步，城市建筑越来越多样化，开始受到社会各界的关注与重视，要想创建新型综合城市，需要不断提升城市建筑景观规划的设计质量，创新性的解决设计过程中出现的新问题。

一、城市建筑景观规划设计中的常见问题

第一，城市建筑景观规划设计的可操作性不强，有待提高。城市建筑景观规划设计要理想的作用，必须达到规划与实践的有机结合，根据实际情况进行完美的规划与设计，就算是再完美的设计理念，如果应用不到实际操作中，也是一纸空文。可操作性的问题主要表现在几个方面：首先，规划设计不科学。不科学的规划设计容易造成与实际情况相脱节问题的产生。就目前来看，很多设计人员未充分考虑具体的环境，不能切实做到因地制宜，没有进行整体规划，只是局部设计，这是目前很多城市建筑景观规划设计工作中的一个通病；其次，规划不完整。不完整的规划无法对建筑的实际操作提供有效指导。在城市建筑景观规划设计工作中，需要关注到各种建设要素的配置问题，但是关于这一问题现阶段还存在不足；最后，规划设计不具体。目前很多规划设计都比较粗放、空洞，这样的规划设计与实践不统一，在实际建设中很难起到把握具体的方向。

第二，城市建筑景观规划设计在自然因素和人文因素的相结合上考虑不足，造成环境的破坏和资源的浪费。此外，还有部分设计人员在开展城市景观的规划设计问题时，没有充分考虑到生态环境，破坏了土地、植被与树木。还有一些表现是没有对城市社会人文环境进行相应的保护，比如说盲目推倒象征城市发展历史的老房子、老街道，建立起现代化的高楼大厦，这些方法都是不可取的。

第三，城市建筑景观规划设计方面缺少专业人才。目前好多建筑千篇一律，没有特色，或者根本不适合当地环境。究其原因，就在于设计人员不具备相关专业知识。

二、城市建筑景观规划设计的几点发展策略

面对城市建筑景观规划设计中存在的种种问题，我们必须高度重视，制定出切实有效的解决措施，提升建筑设计工作的和谐性。具体可以采取如下的措施：

重视宏观设计，讲究细节布局。对于城市建筑景观规划设计我们要在宏观上有总图设计，同时在具体细节上还应该明确、具体，考虑到每一个要素、每一个可能的不确定因素、每一座建筑的采光、每一条道路的设置、每一片植物的搭配、每一方土的填挖量，每一个排水系统的排水情况等等。只有这样，才能建成与自然环境相和谐的城市建筑。

坚持"以人为本"，充分利用自然资源。以人为本不仅是国家的大政方针政策，同时还适用于各个领域，建筑领域也不例外。不管建筑景观怎样设计、如何处理，其核心是不变的，就是要体现对居住者的关心，为人们的日常生活、工作提供便利。同时还要考虑到建筑旁边的桌子、凳子、路灯、庭院、绿化、超市、医院、学校公园等配套设施的建设，充分做到以人为本。

保护环境，节约能源。自然环境，自然资源是大自然赋予人们的宝贵财富，所以我们在进行城市建筑景观规划设计时既要充分尊重大自然，保护自然资源，又要充分利用自然条件创设宜居环境。同时还要保护好土地和植物，创设舒适田园生活，利用现有条件，形成当代特色建筑。

提高设计师的专业素质。加强对设计人员的培养，提高他们本专业素质和相关专业的知识水平。城市建筑景观规划设计师需要有扎实的专业知识，还应当对相关的美学、园林、生态学等有一定程度的了解。在设计过程中，通过结合各相关专业，设计出最符合人类居住的环境。所以，设计师在城市建筑景观规划设计领域起着至关重要的作用，要不断提高自身素质。作为设计师，需要充分营造出有利于建筑景观发展的氛围，将不利于建筑设计的各类因素剔除，为此，需要加强学习，不断提升自身的综合素质水平与责任意识。此外，城市中的建筑与景观往往要面对许多制约，包括场地的限制、经济的限制，在设计过程中，采用建筑的思维方式可以解决很多限制性问题，比如城市中的夹缝地带，无法实现模式化的城市造景；或在不具备植物条件，或无法实现硬地，但又存在功能性的要求的空间中，可以借鉴建筑思维中分析研究的方法，选择最经济适用的原则，来解决景观设计中的限制性问题与复杂棘手的难题。

融入景观生态设计理念。城市景观设计是一个新型课题，是伴随工业化进程的发展而

产生的，从新和谐工业村到田园城市，从生态城市到可持续城市，都可以看出人们对于自然生态景观的追求。作为设计人员，需要意识到这一问题的重要性，在设计工作中融入景观生态设计的理念，实现内部资源的再生，注重城市原有生态结构的保护，从景观生态和历史角度为出发点，应用新的材料、技术对原有空间进行改造。如，德国埃姆舍公园的设计中，设计人员充分利用了原有的工业采矿基地，将其改造为休闲娱乐场所，既延续了原有的历史价值，也节约了建筑资源，充分的体现出城市景观建筑的艺术价值、文化价值、经济价值以及社会价值。

　　总的来说，建筑景观设计作为一门艺术，涉及众多学科，只有将其与其他学科完美结合起来，同时与自然环境与社会人文环境融合起来，才能发挥出其应有的作用，在实际建造过程中起到引领和把握方向的作用。当然，在城市建筑景观规划设计过程中难免会出现各种各样的问题，只要及时发现问题并有针对性的解决这些问题，相信一定能通过规划设计建造出符合人类生存的宜居环境，走好新型城镇化道路。

第二章　城市规划的理论研究

第一节　城市规划中生态城市规划

随着互联网经济的不断发展，工业化和城市化进程的不断加快，城市规模不断扩张，人们对生态城市的诉求变得更加强烈，随之带来生态城市的规划问题。本节笔者主要对生态城市规划问题进行研究，旨在提高生态城市规划质量，促进城市化进程。

在城市规划中，着重考虑生态城市规划内容能够顺应时代发展的趋势，有利于坚持节能、生态和绿色循环低碳的道路，打造人与自然和谐共处的生态环境。建设生态型城市，从根本上解决城市环境恶化的问题，改变当前城市居民居住条件差的局面，实现社会可持续发展。

一、科学编制生态城市规划

生态城市的建设不仅关乎我们自身的利益，更关系到子孙后代的生活与发展，因此，在生态城市的规划中要充分考虑长远需求，坚持绿色、可持续发展规划理念。生态城市规划要在尊重自然、顺应自然、保护自然的基础上，坚持绿色，发展和保护相统一，绿水青山就是金山银山的理念，建设产业优、百姓富、生态美的宜居宜业城市。

二、当前面临的问题与挑战

生态城市布局不科学，产业结构不合理。部分城市规划布局的不科学合理导致对历史建筑和城市风貌造成了严重的破坏；另外，还有许多城市的规划布局不够完善，导致未经处理的城市污水直接排放，严重的污染了城市环境，破坏了生态系统的平衡与发展；除此之外，产业结构的不合理，导致了严重的投机行为：城市建设时序的混乱，导致城市建设大量占用绿地面积，城市垃圾无处安置，城市的生活环境质量迅速下降；并且出现了许多城市建筑风格相类似的现象，导致"千城一面"。

生态城市建设不科学，环保基础设施建设不完善。在生态建设方面，其城市规划的不完善不科学导致了规划管理的秩序混乱。在实际应用中，规划管理的责权不分给规划管理的秩序带来了极大地负面影响，主要表现在城市规划范围内的规划管理权限问题，尽管法律已有明确的规定，但是由于经济利益的驱动，仍然有很多人做出违法审批、越权审批的行为，另外，又由于这种情况大多都是法人违法，因此对其处罚也没有实质性的效果，导致此种行为屡禁不止。除了生态城市建设的不科学不合理，还有环保基础设施不完善的问题，各项基础设施的不完善导致了生态城市的建设难度增大，废水、废气、固废没有相应的处理设施和管理措施，破坏生态环境的诸多因素仍然存在。

生态城市建设理念和意识不统一，民众参与度不够。当前，我国许多城市的规划管理事务主要集中在政府手中，其规划内容也主要是政府内部所调整，这就导致规划管理中公众参与机制的缺失，除此之外也没有充分利用好社会各界的聪明才智。在城市规划的社会效益和经济效益方面，没有形成一个完整有效的表达机制。这就导致政府部门过分追求经济利益，忽视了城市规划管理在实现社会效益和生态效益以及可持续发展中的重要作用。

三、生态城市规划的要点建议

根据具体实际制定生态城市规划。建设生态城市的首要任务就是制定一套符合当地实际的生态城市规划。在进行生态城市规划过程中，要因地制宜，可以借鉴其他城市的经验，但是绝不能照搬照抄，要根据当地实际情况制定符合实际的生态城市规划。设计生态城市要把握全局、着眼长远，从优化空间与产业布局入手，划定生态红线保护区域，推进新型工业化和产业结构升级，发展生态休闲旅游；从资源有效利用入手，推进节能产品应用，推进市政绿化和农业灌溉再生水利用，加快污水处理厂再生水利用设施建设，不断推进城市生活垃圾分类收集和分选系统，完善再生资源回收利用体系；从推进宜居城市入手，推进城市绿地系统，重要节点公园的建设；从污染防治入手，加强对水源地等的保护，狠抓工业、农业、畜牧业的污染排放，形成有效的污染源管控机制。

探索践行"生态+"的开发建设模式。以漳州市为例，漳州市在探索"生态+"的道路上迈出了坚实的一步，近年来，漳州市紧紧围绕"田园都市，生态之城"的城市定位，走生态发展的道路，建设"五湖四海"。通过结合南山寺、片仔癀等历史元素，在原先老工厂的基础上，改造成闽南的红砖房，注入新的文化元素，引入陶艺馆、奇石馆、漆画管、博艺规三馆等，周边已成功引入了甲骨文双创基地，并建设了物联网示范园，良好的生态环境吸引大批客商前来参观考察，带动周边片区成为投资新热土。

倡导积极推进生态文化建设。建设生态城市，需要生活在城市里的人来支撑，要加强生态文明理念宣传，倡导低碳生活、健康生活的理念，并加强生态文化基础设施建设，通过文化场所弘扬和传播生态文化。鼓励居民采用公共交通、绿色出行的方式，低碳出行。推行低碳社区、低碳园区、低碳城区的模式，将低碳理念融入社区、园区、城市的规划、建设、管理和居民的日常生活中来，引导居民接受绿色低碳的生活方式和消费模式，从而达到构建生态城市的最终目的。

建设生态城市就是要使人与自然和谐相处，解决当前大城市普遍存在的环境污染、交通拥堵等问题。坚持制定科学的规划，坚持用科学的思想指导整个生态城市建设全过程，坚持探索践行"生态+"的开发建设模式，坚持着眼长远，做好城市发展的评估工作，为建设生态城市提供指导。坚持尊重自然、顺应自然、保护自然的理念，坚决摒弃过去的陈旧观念，才能从根本上达到可持续发展的目的。

第二节 转型时期的城市规划研究

社会经济的快速发展加快了我国城市规划的步伐，并且城市建设者在进行城市建设中，应根据城市的发展情况及人民的生活需求进行规划改革，使城市在发展中增强规划的科学性。城市规划者在进行城市规划中，应健全社会的功能，确保科学的城市规划可以满足未来城市的发展需求，提高人民的生活质量及生活水平，为城市经济的快速发展奠定良好的基础。

城市规划者在进行城市规划中，逐渐地认识到对城市规划转型的重要性，并根据城市发展的具体情况采取了相应的措施，以保证城市在规划建设工作中可以紧跟时代发展的脚步。但是目前我国城市规划转型工作中还存在着较多的问题限制着城市的发展，工作开展水平还有较大的提升空间，工作仍需进一步改进。本节对城市规划中存在的问题及策略进行分析，希望可以为城市做出些许贡献。

一、转型时期城市规划面临的问题

城市规划编制不合理。城市规划者在进行城市规划中，应明确城市规划工作具有较强的综合性，在进行城市规划时，应提高自身工作的合理性，保证城市规划可以提高城市资源的利用率，保证城市可以进行可持续发展。以往城市规划中为提高管理的便捷性、促进城市中企业的交流，导致土地的分区清晰度较低，使得土地的使用性质不明确，为后续的城市管理造成了较多的麻烦。另外，土地编制科学性较低也是城市规划编制不合理的情况之一，土地规划不合理对城市交通及企业发展具有较强的影响，限制着城市的发展。

外来人口增多。近年来，我国城镇化的差距不断地缩小，城市化建设使得城市中的外来人口不断地增加，因此，城市的发展压力也在不断地增加。城市中的外来人口增加可以在一定程度上优化城市中的人力资源结构，确保城市发展对人才的需求，保证城市发展不会出现人才空缺的现象，并且多数的城市建设工作也是由外来人口完成的。但是，多数外来人口的素质较低，不具备高质量的生存技能，并且流动性较大，导致城市难以对这部分外来人口进行管制，无法增强城市发展的合理性。对外来人口管制不严谨可能会导致城市治安问题增加，降低城市管理水平。

城市特色问题。我国的城市均具有悠久的历史，并且在长时间的发展中，城市逐渐地会形成自身独特的特点，形成自身独有的风俗文化，这也是促进独特性发展的因素之一。但是，城市规划者在进行城市规划工作中，会因过于追求现代化而放弃对城市历史特点的建设，导致城市在建设中失去其特有的风俗文化，无法保证城市文化对人民的思想影响，导致城市在发展中逐渐地丢失自身的文化归属，限制城市进一步发展。

社会极化现象。以往的城市规划工作中为促进经济的快速发展，忽略了城市规划的合理性，导致社会出现极化现象，逐渐地拉大了城市的贫富差距，使得城市在发展中逐渐地出现经济发展不平衡的情况。城市中不同阶层的人民在经济活动中接触的人群不同，接触的经济机会不同，导致城市中出现居住极化及人口极化的现象，限制着我国全面奔小康的发展速度。因此，城市规划者在进行城市规划工作中，应积极地解决城市的极化现象，促进城市进行科学的发展。

二、城市规划的转型策略

丰富规划编制内容。在以往的工作中，有关人员在制定城市规划时对社会规则、生态规划等方面的重视程度不够，城市规划存在一定的滞后性，城市规划的质量较低，并不能满足城市发展的需求，会对城市发展造成一定的阻碍，不利于社会经济的进一步发展及民众生活水平的提升。新形势下，有关人员应充分认识到规划工作中存在的不足，在制定城市规划时应注意借鉴西方先进经验，并结合我国实际情况对规划编制内容进行丰富，切实提高城市规划的水平。

优化外来人口制度。外来人口是城市人口的重要组成部分，在城市发展中扮演着不可替代的角色，因此，优化外来人口规划是十分必要的。有关人员应根据城市发展情况对规章制度进行完善，从制度层面对外来人口进行规范，保障外来人口的权益。而且有关人员应加大对外来人口的资金投入，为外来人口提供物质保障，提高外来人口对城市的认同感。除此之外，有关人员应高度重视外来人员教育问题，切实提高外来人口的综合素质，确保外来人员能够为城市的发展贡献自身的力量。

加强城市文化与城市特色规划。城市规划者在进行城市规划中，应加强自身的文化建设及特色规划，加强对风俗文化的保护，确保文化的独特性。并且应健全相关的法律法规，建立相关的组织对城市的传统文化进行保护，保证我国的传统文化得以流传。政府相关人员加强文化产业建设与发展，以城市的传统文化促进城市的经济发展，确保城市的传统文化可以在城市中发挥积极的作用，进而提高城市发展的合理性。另外，在进行城市建设中，相关人员应加强文化人才队伍的建设，以此提高对城市风俗文化的保护程度。

平衡社会极化现象。城市规划人员在进行城市转型规划工作中，应加强城市社会之一核心价值观的建设，确保可以帮助人民树立正确的价值观与思想。并且利用社会活动的方式更新城市居民的观念，在进行城市规划中，应积极地调动青年人士的创业积极性，增加城市中的企业数量，降低城市中的贫富差距。另外，城市规划中应健全相关的福利政策，丰富人民的就业政策，完善相关机制。

城市建设应明确城市转型时期城市规划中还存在着城市规划编制不合理、外来人口增多增加城市压力、城市特色不能得以发扬等问题，在一定程度上降低了城市发展的速度。在进行城市规划中，相关人员应对其进行全面的分析，并采取丰富规划编制内容、完善外来人口制度及加强城市文化与城市特色规划等措施来完成城市的转型，促进城市的快速发展。

第三节　大数据时代的城市规划

由于信息化技术的不断深入，大数据开始在各个领域得到广泛应用，也包括城市规划在内，应用大数据，能够使城市规划工作的效率全面提升。大数据的发展，使得数字平台可以对城市公共资源的数量以及质量全面检测，使城市的高效运行得以实现。本节以大数据以及在城市规划中的作用入手，自智慧化协同体系、数字化空间规划体系、动态调控规划以及城市行为空间规划等方面，提出大数据时代城市规划的策略，期望本节的研究对于城市建设的健康发展起到积极的推进作用。

当前我们已经进入大数据时代，将数据信息和技术支持向城市发展进行提供。不同海量的时空数据使得城市规划的精细度全面提升，能够有效地处理城市规划过程中出现的信息问题，这对于城市规划的完善起到积极作用。在当前大数据时代，城市规划自以往的规划设计开始向反馈修正进行转变，使一体化的良性循环得以实现。通过城市规划设计，能够使不同子系统间的弹性互动得以形成，这对于设计理念的实现是有积极作用的。

一、大数据与城市规划

大数据的内涵。所谓大数据，就是数据的集合，能够将某一时间里某一样本的活动情况体现出来，人们将不同的数据进行收集，将其分类整理，利用高精尖平台对其进行运算，能够将其中的规律总结出来，从而对企业决策起到一定的参考作用。对于大数据来说，其和信息技术之间的关系十分紧密，大数据是海量数据以另一形式全面地体现出来，同时能够使事务状态的变化得以推进。

城市规划。对于城市规划来说，就是将不同的信息化技术应用于城市设计之中，使城市设计能力得以提升，比如通过信息化手段强化城市建设项目的测绘，从而为城市建设发展打下坚实基础。同时，通过信息化手段来管理城市设计，能够使管理能力全面提高。对于城市规划而言，任意一个城市都有正式数据平台，城市规划设计以多个层面为依托，将不同部门的主动性调动起来，使城市建设的科学性得以保证。

大数据时代城市规划的特点。由于当前我们已经进入大数据时代，使得互联网、智能手机等也随之出现，在这一背景下，城市空间发展规划的内容会越来越丰富。在大数据时代，将更加丰富的内容包括在内，能够自不同层面将数据参数向城市规划进行提供，不管是单一问题，或是全面规划问题，均能够获取有效的解决方案，这对于国内城市空间的发展有着积极作用。

二、大数据在城市规划中的作用

自城市规划角度来看，大数据不仅能够将严谨的数据参数提供，同时其有一定的创新，

将以往城市规划链条全面打破。在城市规划过程中,将大数据有效应用,能够带来很多的便利,其作用主要有三个方面:

全面转变传统城市规划方式。在以往的城市规划过程中,其大多是将统计、分析调查及结合当前的分析作为重点,这一方式并不全面,在城市规划中会出现很多的问题。当前在大数据时代,我们能够将 IT 技术有效应用,详细规划城市空间。在这一背景下,将较小的数据当成是参数,来分析处理城市规划的相关数据,一方面能够将财力有效节约,另一方面其效果更加直观。特别是将社交媒体数据等应用,能够对工作人员对城市空间规划起到有效的帮助。

与时代发展的趋势相符合。在以往的城市规划过程中,由于将古老的方式应用,其和时代发展的步伐并不相符,命名得城市规划进程也会落后一些。由于大数据时代的到来,我们可以将 IT 技术应用,无论是在采集数据信息方面,还是在分析计算方面,我们都能够将大数据处理技术应用。对于大数据处理技术来说,其是先进技术的代表,不单单与时代发展趋势相符合,能够将以往技术问题有效弥补,同时能够与城市规划数据需求相满足,使城市规划在时代发展中的作用充分发挥。

提高数据处理效率。以往城市规划中,数据处理大多以人工为主,有时也会将计算工具应用,然而这些工具的计算能力不高,不能高效、精确的处理海量数据,使得城市规划工作效率受到严重影响。当前在大数据时代背景下,城市规划人员能够将现代信息化技术以及计算机技术等应用,采集、存储和处理很多的数据,同时深入挖掘这些数据信息,在使数据处理效率得以提升的过程中,能够使规划工作效率提升,其在城市规划中的作用是十分关键的。

三、大数据时代城市规划建议

构建智慧化的协同体系。通常来说,城市发展规划会包括很多的内容,不单单有经济开发方面,还会将土地管理等包括在内,这些设计内容都要对城市规划的编制进行参与,大多是将自身专业有效应用,使其充分发挥,然而这一方式也有着很多的不足,例如,不同专业领域的融合是十分困难的,资源数据多种多样,规划的开始是分不同环节进行的,然而在最后阶段进行总体规划时无法形成一致,更不要说彼此配合,使规划得以完成了。这些情况使得项目规划出现滞后,使得城市不能健康的发展。针对这些问题,其解决方法有很多,然而在实际应用过程中,有很多的障碍。所以,国家提出一定要将多规合一作为当成是城市规划的基础工作,使城市建设混乱的情况得以避免,使城市的健康持续发展得以推进。所以,未来在编制城市规划的过程中要自全局角度出发,尽可能使单一主体得以避免,不单单要使内容的多样化需求得以满足,同时还要使城市规划建设的协调发展得以确保。

构建数字化空间特点的规划体系。对于城市物质空间规划来说,其主要有四个过程:①城市空间发展策略;②城市空间评优估量;③城市发展范围猜想;④城市空间骨架分布。首先,对于城市空间成长发展来说,其最主要的指标就是国民经济与社会发展规划,针对区域不同的网络关联来说，必须全面的了解，提前在空间发展中了解城市主体要求，将科学的城市发展方案有效制定。其次，对于城市空间评优估量来说，其与自身健全的体系密不可分，将不同社交媒体应用，将地方资源信息网络开发，将人们的真实想法进行收集。从而对居民在空间质量满意方面的情况全面掌握，将不同地域的主要困难找出来，将空间缺陷的原因进行分析，从而将相应的解决方案制定。再次，对于城市发展范围猜想来说，要利用移动智能手机以及智能公交等数据，对城市人口的分布情况等全面了解，同时还能够对人口用地的变动情况全面掌握，对城市空间发展的最优容量范围合理的展望。最后，对于城市空间构造分布来说，要结合人们、企业与政府间的内在关系，必须高度重视其与城市空间构造间的关系。也就是说，在城市规划过程中，大数据的应用不可以局部分离，必须对其全方位考虑，从而才能使城市空间的科学性、实用性得以保证。

构建动态调控的规划管理体系。当前，城市规划是分阶段实施的，在这个过程中需要人们的主动参与，而且其管理体系的发展也有着很多的挑战。规划编制的过程与规划管理理念、评估理念等是密不可分的，比如利用遥感等手段，将监控画面进行收集，自根本入手强化城市规划的管理方案，同时将良好的平台有效建立。能够有效地将居民对城市规划的想法和建议有效收集，使城市规划建设结合人民的利益、为民服务等，使资源浪费的情况得以避免。此外，对于动态城市规划来说，必须有相应的跟踪体系，对于将问题根源查找出来是十分便利的，能够将问题解决方案获取，而且能够对当前城市发展方向进行预测，对城市发展模式进行明确。

城市行为空间规划。对于城市居民行为活动来说，其会严重影响到城市空间，针对城市行为空间来说，可以将和城市居民工作、生活紧密相连的手机、微博等数据当成是依托。数据点可以代表个人，数据点密度来代表人群密度，大数据技术能够使城市活力研究提供借鉴。此外，在分析城市行为时，对于居民不同行为结合体的职住关系是分析的关键，所以，也可以将大数据技术应用，对人口、用地以及城市交通等进行分析，从而将其当成是依托，将城市规划发展方案制定。此外，通过大数据技术还能够将土地功能、土地开发密度等情况识别出来，将以往遥感影像技术更新数据滞后的情况有效规避。最后，大数据技术还能够在城市轨道交通规划、商业、医疗等规划方面应用，其成效也是十分显著的。

总而言之，在大数据时代背景下，城市规划必须有清晰的变革方案，规划也必须将核心有效转移，自以城市建设为重点，开始向以城市生活为重点进行转变，城市规划要将人本理念体现出来，同时这一理念也要在城市规划的过程中体现聘来。长期以来，城市规划的目标就是使公共利益最大化得以全面实现，此外还要对创新问题全面考虑，将大数据当成是基础平台，将遥感热图以及 GIS 等新技术加入进来，从而有效的剖析数据，将不同规格领域彼此合作的发展格局得以构建。同时以此为依托，将城市规划方案编制，使良好的动态跟踪机制得以构建，这对于城市规划方案科学性、合理性的检测是有利的，在城市发展期间出现问题的情况下，我们能够在最短的时间里将问题产生的原因查找出来，从而使城市规划的顺利实施得以确保。

第四节 城市规划与园林设计

随着城市化的深入发展，城市内生态环境问题日益突出。而与此同时，人们经济条件的改善与其对生存环境质量的期待值成正比剧增态势，这就对城市的规划管理提出了新的要求。如何创建宜居环境、如何使得人与自然和谐发展成为了城市规划主体需要考虑的一个重要内容？由于城市景观设计从属于城市规划设计内容，而园林景观设计即是室外空间绿化设计的主力军，因此本节将浅谈城市规划与园林景观设计的联系以及园林景观设计与城市规划相结合的发展要求。

一、城市规划要注重园林设计

城市规划是为了实现在一定的时期内城市的经济发展以及社会的发展目标，确定城市性质、规模和发展方向，合理利用城市土地，协调城市空间布局和各项建设所做的综合部署和具体安排。其主要目的在于实现城市空间的有序、和谐发展。而在"以人为本"的大方向下，城市规划并非简单的空间安排与布局，充分考虑人的需要成了工作的出发点和落脚点，而人的需求是动态的，这就要求规划主体要在立足当前的基础上对未来城市空间发展方向具有一定预见性。

现随着城市化问题的日益突出，人们对生活环境的改善要求呼声日益增加，其中环境的处理成为了一大热点，人居环境的改善随之成了城市规划者需要考虑的关键性问题。而园林是一门利用自然学科、人文艺术手段等营造优美的人类室外生活境遇的一门科学，意在设计、保护、建设和管理户外空间，其内容核心为营造户外空间，协调人与自然之间的关系，这一特性符合城市规划中的空间生态可持续设计要求，使得园林设计成为了城市规划中兼顾空间划分、美的表达和解决生态问题的重要手段之一。

二、园林设计要植根于城市规划

园林设计服务于室外空间绿化设计，而室外空间绿化设计从属于城市规划大的体系范围之内。这就要求城市中园林的发展必须植根于城市规划的大局势之中。

园林设计反映地方城市特色。在《城市规划基本术语标准》中城市规划的释义为：对一定时期内城市的经济和社会发展、土地利用、空间布局以及各项建设的综合部署、具体安排和实施管理。可见城市规划解决的是城市发展的方向性问题，城市规划要体现于园林设计中去。而由于地域性文化发展差异，城市规划在总体上看存在共性的同时也相应地存在个性，从这个角度讲，园林设计结合地方城市特色是尤为重要的，只有设计充分体现了该城市的特色才能提高其辨识度，这样的园林设计才能集中反映目标城市的规划特色，才不会给人千篇一律的审美疲劳感。

现存在的景观模式化现象就是园林设计过程中没有把握住目标城市规划个性化需要而盲目随大流、瞎模仿造成的。从一定程度上讲，这算得上是园林设计与城市规划脱轨的典例，也提醒园林设计者在设计之始就应充分考虑地方城市规划特色，并将其要求融入设计理念与实践之中，才能产生好的园林设计作品。

园林设计要立足于改善城市生态环境。上文已提到生态治理成为城市规划中的一大重要课题，园林设计肩负着生态治理的重任。为此园林设计首先需要有一个总体的生态基础设施规划，而这个生态基础设施规划来源于城市规划范畴，是由城市总体规划提供的。城市建设中生态基础设施的规划已成为城市中划定出来的一条生态红线，这对园林设计提供了可持续的方向性指导，也成了园林设计发展的一个立足点。

园林设计一定要把规划中要求的生态的内容融合进去，生态规划和园林设计必须密切的结合。在不同尺度的规划完成之后，园林设计应通过地形、山水、建筑群、植物等各要素改造或新建，充分利用设计材料、形式、手法等，具体的往设计对象中融入生态的内容，以满足城市生态规划要求。

只有满足了城市生态规划要求的园林设计作品才能切实地发挥其生态作用，才具有其在人居环境优化大的趋势要求下存在的现实意义。

园林设计要展现人与自然和谐相处。园林设计和城市规划在根本目的上具有相当的一致性，即都是为了将城市建设的更加美好，满足城市居民的精神、生活需要，为其创造更好的生活环境。

城市规划反映的是一个城市未来发展历程中最为首要和最需解决的问题，是集科学性和实践性为一体的对未来发展趋势做出合理安排的策略。园林景观元素要将其意义发挥到最大化就要求设计者必须在城市规划总体布局中寻求灵感，而这种基于研究与总结的特色园林景观元素才能够充分满足城市居民的审美和娱乐需求，将人与自然中的和谐性充分体现。

园林设计与规划结合形成更好的空间表达。如果说城市规划是为整个城市的空间提供一个发展模板，那么园林设计既是在这个模板上进行具体的布置。假设城市空间是一个立方体，园林只有在把握整个平面、立面、顶面的空间的前提下，才可以实现空间的有效利用和平衡划分，这个城市空间才可以得到更为全面和直观的表达，才能形成既有个性变化却又各部协调统一的魔方体。满足城市审美需求、可持续发展需要，以充分展现城市的生命力。

城市规划离不开园林设计。尤其在当今环境焦点的大背景之下，园林设计由于其所塑造空间所具有的生态性特征，成了城市规划目的实现的重要手段之一。借助园林设计，将各方因素融入城市景观总体规划布局中去，设计出更加优秀的作品来，才能够更好地达到可持续发展的城市营造目标。

园林设计也离不开城市规划。城市规划能够为园林设计提供更加明确的目标和发展方向，为园林设计注入科学合理的理论性支持。园林设计只有把握了大的时代发展前景，顺应了时代发展潮流，才能有更好的发展条件、更广的发展空间。就如俞孔坚先生所言："你必须要让大众能够理解，但更重要的，在中国你必须要让决策者可以理解。在中国，景观设计师实际上没有什么话语权。但是如果你用你的知识借助于中国的决策体制，借助于管理行政体制，通过这套国家的行政体制传播出去，你的学科就有了话语权，你设计师就有了话语权。生态的东西自然而然就渗透到我们城市中去了。"

可见，只有将城市规划所具有的政治性、决策性、远见性、科学性、可实施性优势与园林设计所具有的美观性、生态性、娱乐性、服务性优势相结合才能制作出符合人们需求、符合时代潮流的被公众认可的可持续性景观。

第五节　生态城市规划建设浅析

随着城市化的不断推进，城市范围日益拓展，居住在城市中的人们需要面对更多的是交通压力的增加、空气质量的下降、水资源的污染，原有的城市功能已经难以满足人们的日常生活需求，人们的生存环境面临着一系列的挑战，随着生态发展观的广泛认同，人们意识到发展是人类生存质量及自然和人文环境的全面优化，发展不能仅仅考虑当代人甚至少数人的舒适和享受，还要顾及全人类的长久生存。本节主要对生态城市规划建设价值、原则以及科学发展模式进行了浅析。

生态城市是一种独特的城市类型，主要将处理城市污染问题作为出发点与落脚点，从多种渠道降低城市污染率，提升城市环境质量、提高人居环境。

一、生态城市规划价值

（一）提升城市结构的合理性

近年来，城市化进程快速发展，人口数量快速增加，城市工程项目的建设数量也随之上涨，土地资源紧张问题日益突出，如何提升城市空间的利用率？保证城市空间结构的合理性成为当代城市化建设与发展重要命题。在城市规划与设计中开展生态城市规划工作，能够将城市发展同生态发展有机地结合到一起，使城市文明与生态文明能够协同发展。

（二）推动城市的可持续发展

随着我国城市化建设内容的不断完善，我国各个地区经济水平快速提升，空气污染、水资源污染、森林资源枯竭等自然环境问题油然而生，严重威胁到人们的生命安全，为城市未来发展带来严重阻力。通过开展生态城市规划工作，城市规划设计人员将从生态保护视角出发，对城市经济发展与生态环境发展之间所存在的矛盾进行处理与整合，将经济与环境维持到一个相对平衡发展的状态。

二、生态城市规划原则

（一）生态优先原则

在生态城市规划与建设活动中，若仅凭建设者的主观意愿对生态城市进行规划，将很难达到理想的建设效果，甚至还出现恶性循环局面。因此，在生态城市规划过程，需要坚持生态优先原则，不断加强对生态环境的保护与管理，不可随意破坏生态环境的建设成果，并运用生态技术对生态环境建设进行优化与整合，有效地改善生态环境管理方案，节约土地资源、保护森林资源、净化城市空气。与此同时，我国相关部门在开展生态环境治理工作时，需要针对生态环境破坏现象相对比较严重的地区或者是在短时间无法快速恢复的地区，进行重点管理与规划，从多渠道出发对生态环境系统进行整合，使生态环境遭到严重破坏的地区或者是短时间内无法快速恢复的地区，能够在长时间的管理与维护中逐步得到改善。

（二）与时俱进原则

在可持续发展理念的作用下，开展生态城市规划工作需要坚持与时俱进原则，立足于本地区环境发展现状，对社会环境、人文环境、历史环境、生态环境进行全面整合。创建具有可实施性的生态环境建设保障体系，并在后期实施过程不断对该体系进行完善与整合，积极做好生态理念的补充工作，配合国家长期发展理念与规划，以生态建设保障体系为基准，对城市生态环境进行改革与优化。除此之外，生态城市规划过程受内外多种因素的影响和干扰，生态城市规划人员只有拥有与时俱进的思想意识，灵活运用先进的科学技术与方式方法，才能够将生态城市建设中所存在的各种风险因素控制到相对适宜的范围，使生态城市规划工作能够顺利开展。

三、生态城市规划发展模式

（一）海绵城市

在某些不正确、不科学的政绩观指导下，我国一些城市在发展过程中大量破坏了原有的生态系统，严重改变了原有的水文特征，使得城市很容易蓄不住水，出现"逢雨必涝""雨停即旱"的现象，将海绵城市建设理念融入生态城市规划中，不断扩大建设工程的绿化面积，通过加强城市规划建设管理，充分发挥建筑、道路和绿地、水系等生态系统对雨水的吸纳、蓄渗和缓释作用，有效的控制雨水径流，逐渐实现自然积存、自然渗透、自然净化的城市发展模式，从而达到有效的解决城市合流制溢流污染，控制初期雨水污染，消减雨水径流，补充城市地下水的目的。

（二）绿色出行

现如今，生态城市规划理念被广泛推广到城市建设活动中，绿色出行成为生态城市规划中的重要内容，为生态城市建设提供构建基础。绿色出行在城市交通规划中，将公共交通塑造城市空间形态，形成疏密有致、集约低碳的发展模式；坚持以人为本发展理念，在控制性详细规划层面，调整路网系统和小区形态及土地利用，以形成"城市格网"，从而使城市更为适宜步行、非机动车交通以及公交出行，创设城市绿色通道。

（三）城市双修

在以往城市建设活动中，人们往往注重忽视自然环境，导致经济建设与环境建设长期处于之中不平衡的发展状态。在新时期发展的背景下，开展生态城市规划建设工作，需要建设者全面提高对自然环境的重视，关注城市发展过程所形成的环境问题，积极做好生态修复与城市修补工作，恢复自然生态系统，开展"城市双修"建设工作。通过开展"城市双修"建设工作，运用科学合理的城市空间管理办法，将"城市双修"工作同海绵城市建设工作巧妙地结合到一起，用修复好的绿地或者是新建好的绿地开展城市海绵建设工作，实现对城市绿地的全面修复，拓展城市绿色空间，提升城市生态功能，改善城市空间环境。

（四）低碳产业

生态城市在建设活动中需要全面提高对节能减排工作的重视，从低碳产业系统的创建入手，对生态城市进行全局规划与设计。首先对社会生具有代表性的能源应用企业进行生态理念的宣讲工作，全面提高企业能源节约意识与生态环境保护意识，将生态理念作为突破口，对社会中具有代表性的能源应用企业实施全面整合，使社会中具有代表性的能源应用企业能够在市场发展中起到良好的领导带头作用，为社会中的其他企业做好表率。例如，在工业生产运营中产生大量难以降解污染物的企业，通过运用节能技术与低碳技术对工业生产环节进行优化与整合，最大限度降低污染物的产生量，积极做好污染物的收集与处理工作，有效降低污染物对生态环境的污染，避免水体环境、城市空气遭到工业污染物的破坏，使工业企业在提升自身经济利益的同时能够对社会效益与环境效益给予高度关注，在实施工业生产运营活动时科学处理好经济、社会、环境三者之间的关系，促使地方企业能够与城市规划协调发展，为城市的可持续发展奉献一份力。其次，需要做好区域规划工作，将生态城市规划过程的实际需求作为突破口，将低碳产业系统运用到城市的某一个特定区域内，并在后期建设与发展中不断扩大低碳产业系统的应用范围，为城市发展提供诸多助力。与此同时，国家相关部门应积极参与到生态城市低碳产业系统的创建活动中，制定一系列具有可实施性的方针政策，及其城市与区域政府之间的合作，为低碳产业系统的创建提供可靠的理论依据。

（五）低碳社区

城市既是经济发展载体，更是人们的生活家园。不能因为搞经济而把城市搞得不宜居，衡量城市好坏的标尺是宜居性。社区，作为城市经济、社会、文化和环境的基本结构单元和功能载体，是持续推进城市低碳发展的重要抓手。所以，构建活跃宜居的低碳社区，是一个城市生态化发展必不可少的步骤。具体来说，低碳社区，应该包含步行优先的邻里社区、优先发展的自行车网络、密集的街道网络、高质量的公共交通服务、多功能混合的邻里社区、土地开发强度和公共交通承载力相匹配以及紧凑型发展，提倡短程通勤、规范停车和道路的使用，增加出行便利性的特点。

综上所述，生态城市规划是城市规划设计中的重要内容，能够有效的提升城市空间结构的合理性，处理好经济效益与环境效益之间的关系，维持经济发展与生态发展之间的平衡，促进城市地区的可持续发展。为此，在生态城市规划过程，我们需要从海绵城市、绿色出行、城市双修、低碳产业、低碳社区五个方面着手，将绿色出行纳入生态城市规划体系，开辟绿色发展通道，大力发展低碳产业，构建活跃宜居的低碳社区，积极做好城市地区生态修复与城市修补工作，在城市双修工作的基础上开展海绵城市建设工作，拓展绿色空间，改善城市地区的生态功能，优化城市地区的空间环境，为社会的可持续发展奠定基础。

第六节　城市规划景观设计探究

每个城市都有不同的资源与禀赋，要在资源和环境承载能力范围内，全面做好城市景观建设，体现环境友好与自然协调，推动城市经济建设、文化交流和人口增长，城市规划是城市建设的重要基础，科学发展规划能够有效保证城市健康发展，避免出现负面效应。

一、城市景观和城市规划的相互关系

城市景观规划是城市建设的重要组成，在城市建设中起到了重要的作用，一个城市是否美观，从景观规划中就能够体现出来，城市景观反映的是城市的文化与历史，对城市建设有着极其重要的意义。经济的快速发展，也推动了城市转化，城市承载着人类的活动，只有全面做好规划，才能加速发展，实现人与自然的和谐统一。只有政府高度重视，社会积极参与，才能合理规划，使城市景观与城市建设融合发展，更好地体现城市美感。城市景观建设离不开对土地的规划设计，相关工作人员需要更好地了解当地土地资源，充分发挥每一块地的作用，比如一个区域的土地在哪里适合建造房屋，土地适合建造哪类房子，绿化带设计在哪个位置，需要对哪些土地进行保护等等，城市景观建设与城市规划密切相关。一个城市不但要有经济支撑，更要有美丽的公园、优秀建筑，通过景观合理的相互搭配，进一步把握细节与主题，突出重点，使城市景观与城市规划更加完美。

二、城市规划要对个性特征进行把握

彰显出城市的文化特点。不同的城市给人的印象也不同，每个城市特色就是城市的个性化特征，通过城市个性特征体现一个城市的文化与历史，彰显城市魅力。城市是文化的容器，城市展现文化内涵，任何一个时期的文化均在城市中有所体现，也就是说，每一个历史阶段都在城市当中留下了不可磨灭的印记，通过城市建筑物，就能够感受到当前的兴衰，比如罗马、巴黎、纽约等，进入这些城市，就能够感受到当地的文化气氛，体现当地文化内容，只有全面做好城市规划设计，合理处理保护建筑，才能留下历史和文化，形成特色鲜明的城市。

彰显出城市空间特点。每个城市所处的环境与地理空间不同，其景观也各有特点，城市所在的地理位置、地形地貌、气候特点是一个城市特有的部分。进行设计时，需要根据城市地理位置做出合理的规划，从环境空间形态上体现城市地理性，要给予每个城市不同的空间特点。规划过程中，需要全面掌握当地山水、树林和名胜，这在规划设计中，是非常重要的步骤，也是做好城市规划不可缺少的任务，只有全面按照自然环境空间特点科学开发，才能有效保护与利用。

彰显出城市的艺术特点。城市就是艺术，城市建筑与景观就是艺术的集中体现，每个城市都是建筑工艺博物馆，各种建筑物体现出艺术观赏价值，南方的城市体现出水乡特点、大都市体现现代气息等。一个城市街道两旁建筑物的造型、色彩、风格、形态等，充分展现了建筑特色，使城市增加了许多艺术气息。

三、城市景观建设因素

道路对景观建设的影响。城市景观需要对道路进行规划，道路是景观的重要组成，只有全面规划好道路建设，才能进行景观布局，形成整体统一，一个城市的路网就是城市的面貌，需要通过道路设计，形成畅通的路网，通过道路使建筑物、公园、学校等连接起来，景观建设要掌握道路的情况，道路具有连续性和方向性，两旁建筑物有着自身的特点，景观建设过程中，需要对空间特点全面把握，对距离进行有效判断，合理布局景观景点，发挥景观的文化艺术作用。

区对景观建设的影响。区是城市的重要元素，不同的区域有不同的特点，进行景观设计时，需要严格把握区域特点，合理运用好各类要素，发挥要素作用，不同的区有不同的功能，居民区、商业区、大学区、郊区等各有特点，景观设计也要体现区的特征。区是没有划分的，就是说，并没有较明显的区别、固定界限，也没有确认边缘，任何一个城市绿化带、河道两岸、山水等都可以成为区的边界。所以说，区对景观的影响也非常重要，要合理利用好区域特征，规划设计更好的景观，符合区域特征，满足人们需求。

标志对景观建设的影响。标志是城市的主要形象，能够通过标志体现城市内容，人们到一个城市对标志物非常感兴趣，是人们对城市产生很深刻印象的主要部分。一个城市的大型标志是能够引人注目的，比如摩天大楼、电视塔等，很远的距离就能够见到，小的标志物比如喷泉、假山、树木等，也能够在不同的时段触动人们心灵和感官，让人产生联想。标志是城市建设的重要点缀，个性标志可能是一个城市的名片。

中心地带对景观建设的影响。城市的中心是人们聚焦的重要场所，中心地带是城市中心，人们生活、休闲、娱乐均集中在中心地带，中心地带从另一种意义上说，也是一类标志，要对中心地带进行规划设计，需要满足人们的基本需求，比如墙壁、草坪、路灯等都能够体现中心地带的功能，进行美化设计时，需要把他们连接对待，通过科学的城市景观，激发人们对城市的喜爱和期待。

城市轮廓线对景观的影响。城市有近景与远景，在远处看城市别有一种情调，轮廓线是一座城市的外在特征，通过轮廓线的规划，也能够体现出城市景观的特点，形成一个城市的美好印象。进行设计时，需要有效把握好轮廓线，通过有效的利用，能够增添城市个性特征，使城市的美得到全面升华，通过远景轮廓线规划，在城市灯光渲染下，更能够形成艺术效果。

四、各种各样景观设计

工作娱乐中心的景观设计。主要是对管理部门、商业企业、文化中心等的设计，这部分内容体现城市的文化，是城市繁荣发展的标志，人们在这里工作，城市中心的景观代表城市整体形象，设计景观时需要考虑到几个方面：一是市中心远眺远景的合理利用；二是人们主要关注的是哪些建筑物；三是建筑物的历史文化特点以及相互印证的关系；四是能够体现城市特点的景观是哪类，只有全面考虑到各种因素，才能做好设计，形成城市化个性特征。

日常生活广场的景观设计。广场是人们休闲的区域，根据广场的特点，可以设计露天停车场、街道边缘、小型景观等，要合理规划建筑群，使建筑物科学划分，保证物理空间。一是供市民茶余饭后休闲的广场，要建设到居民建筑群中；二是娱乐设施场所建设到人们休闲的广场附近；三是购物场所要与市场紧密结合，这样才能方便人们生活。

只有科学合理进行城市规划，才能更好地推动城市发展，科学的规划需要了解城市性质、优势和格局等，在统一协调下，科学规划有效调控，一步一步推动城市建设向理想目标迈进。

第三章 基于生态学的景观艺术设计

第一节 生态景观艺术设计的概念

景观设计在我国作为艺术设计教育是一门新兴学科，作为学科系统研究时间虽然不算长，但发展却很快，它是一门应用实践性专业，一直都是相当热门的科目。随着研究与实践领域的不断扩大与延伸，这门学科的交叉性、边缘性、综合性特征越来越明显。

学习景观设计首先要了解景观是指什么，对这门学科的内容和概念要有基本的了解。那么景观设计是指什么呢？就景观设计环境因素而言，可以分为自然景观和人文景观两大类：自然景观是指大地及山川湖海、日月星辰、风雨雷电等自然形成的物象景观；人文景观则是指人类为生存需求和发展所建造的实用物质，比如景观物、构筑物等。目前人们对于景观设计的理解与研究，大都认为景观设计指的是对户外环境的设计，是解决人地关系的一系列问题的设计和策划活动，这样比较概括地解释了景观设计的内容和含义，但似乎还不够准确，如何去定义景观学科？是专业内一直争论和讨论的话题。至今为止，在众多的解释中，还没有一个确切的定义可以完全涵盖它。在对具体景观概念的认知上，行内人士也表现出许多不同的见解。在日常生活中我们发现，即使对同一景观的空间内容，让不同职业、不同层次的人群去感受，产生的感知结果也会存有差异，这与人的文化修养、价值观念、生活态度、审美经验等有很大的关联。景观是景观、遗迹是景观，风景园林、各行业工程建设乃至建造过程也是景观。还有江海湖泊、日月星辰、海市楼都可以称为景观。景观是一种囊括很大范围，又可以缩小到一树一石的具体称呼。

早期的景观概念和风景画有着密切关系，在欧洲，一些画家热衷于风景画的描绘，多数描绘自然风景和景观，所描绘的图像有景观风景的效果，这使景观和风景画成为绘画的专业术语。1899年，美国成立了景观设计师协会；1901年，哈佛大学开设了世界第一个景观设计学专业；1909年，在景观设计学专业加入了城市规划专业；1932年，英国第一个景观设计课程出现在莱丁大学，至此景观设计进入了多范围、多层面的研究与探讨；1958年，国际景观建筑师联合会成立，此后世界各国相当多的大学都设立了景观设计研究生项目，在此之前的景观设计项目主要还是由景观师和一些艺术家完成的。

随着人类文明的不断发展和进步，人类克服困难的能力不断提高，对生存环境质量的要求也不断增长，对居住环境的综合治理能力也在不断增强，不断改良的结果更增添了人们改造自然、追求美好环境的欲望。从最原始的居住要求来看，住所的基本要求首先是预防自然现象对人类基本生活的破坏和侵扰，比如防御风雨雷电、山洪大火等自然灾害的袭击；再就是预防野兽的侵扰；发展的动因则是人类思想的不断进化、自身要求的不断增长和创造力的驱使。随着不断有效的改良活动和人类智慧的不断进化，人类对生活内容和品质的要求不断增加和提升，层次也不断提高，并逐渐出现了权力和等级制度，信奉对各种神灵的崇拜。群居和部落的出现使居住场所逐渐扩大，权力和等级观念逐步加强，使景观和用地的划分有了等级差别。对神的崇拜使祭祀和敬神的场所有着至尊的位置，这些人为的思想与条件逐渐成为制度，逐步渗透到人们的思想和行为之中，形成一些准则，早期的环境设计中，也体现出在这些因素影响下形成的生活行为和思想寄托。

景观设计是一门学科跨度很大的复合学科，对景观设计的研究不仅需要众多的社会知识、历史知识和科学知识，更需要层次深入和面积宽泛的专业知识。对于景观设计的理解，我们主要是在对城市规划、景观、城市设施、历史遗迹、风景园林等可供欣赏、有实用功能或某种精神功能的具体物象上，或可观赏，或具某种象征性和实用性。为了方便和深入研究，人们对景观设计还进行了一些具体详细的划分，如城市规划设计、环境设计、景观设计等。《牛津园艺指南》对景观建筑做了这样的解释"景观建筑是将天然和人工元素设计并统一的艺术和科学。运用天然和人工的材料——泥土、水、植物、组合材料——景观设计师创造各种用途和条件的空间。"此语对于景观设计中关于景观方面的内容解释得非常明确，而我们这里只是把景观建筑作为景观设计中的一个组成部分来理解。景观设计师A·比埃尔（A·Beer）在《景观规划对环境保护的贡献》中写道："在英语中对景观规划有两种重要的定义，分别源于景观一词的两种不同用法。解释一：景观表示风景时（我们所见之物），景观规划意味着创造一个美好的环境。解释二：景观表示自然加上人类之和的时候（我们所居之处），景观规划则意味着在一系列经设定的物理和环境参数之间规划出适合人类的栖居之地……第二种定义使我们将景观规划同环境保护联系起来。"她认为景观规划应是总体环境设计的组成部分。通过这些解释，我们看到景观设计的大致范围和包含的主要内容，但还不能涵盖景观设计的全部内容，因为景观设计的内容是扩散的，不断地边缘化，不断会有新的内容补充进来，所以对于它的理解与研究必须是综合的。由于景观设计涉及的学科众多，又加上科学、艺术不断创新和进步，各种文化相互渗透，就使多元文化设计理念与实务得以不断发展。

不断出现的环境破坏与环境保护和可持续发展之间的矛盾与解决方法的循环往复，使人类对景观设计的认识和理解不断加深。由于新矛盾、新问题不断出现，新的认识和解决方法也不断被探讨、研究和应用。对于景观设计研究来讲，更深层次的探求必须在哲学、审美观念、文化意识、生活态度、科学技术、人与环境、可持续发展等方面深入研究。景观设计学的具体解释应该是怎样的呢？笔者认为，景观设计学是一门关于如何安排土地及土地上的物体和空间，来为人类创造安全、高效、健康和舒适的人文环境的科学和艺术。在区域概念中，它反映的是居住于此的人与人、人与物、物与物、人与自然的关系。作为符号它反映的是一种文化现象和一种意识形态。它几乎涵盖了所有的设计与艺术，进入了自然科学和社会科学的研究领域。

第二节　生态景观艺术设计的渊源与发展

　　景观设计与人类的生活息息相关，它反映了人类的自觉意志，在整体形态设计的背后，隐藏着强大的理论基础、设计经验和个性主张。作为人类最早的景观设计活动，首先是对居所的建造活动，因为从有人类开始，其生存就要有基本的居住场所，从岩洞生活到逐步追求生存环境的质量，居住环境的规模、功能、实用性、美观性在不断扩大和提高。人类的才智、技能在发展过程中不断的提高和发展，从对景观形态的体验上可以看出，人们追求的目的和意义不仅是视觉上的，更多起绝对作用的因素是心灵，这与人追求美的欲望有着密切的关系。尽管最初对景观设计理解的高度与深度有限，但从开始对居住环境的选择，就有环境设计的意思在其中了。景观设计是最能直接反映人类社会各个历史时期的政治、经济、文化、军事、工艺技术和民俗生活等方面的镜子。通过对遗迹景观中诸多内容的考证与感知，我们可以真切地感受到不同社会、不同地域、不同历史时期的信仰、技术、人文、民风等诸多方面的具体信息，会发现人们在不同文化背景中，尊崇着不同的信仰和不同的思维及行为方式。因为这些不同，设计者创造出含有不同审美价值观念的景观内涵，表现出独特的思维定式和生存习俗等方面的不同追求。在不同的地域、不同的民族，在不同的历史时期，在共生共存的基础上，对文化的认识、理解、发展都有着独特性、片面性和局限性，这些独特性、片面性、局限性的发展、演变、交流导致其不断自我否定与发展，这成为景观设计多元化发展的历史源流。

　　人类在漫长的社会发展中，无时不在探求和发展人与自然的良好关系，随着时间的流逝，岁月的痕迹在自然和人为景观上留下深深的历史烙印。在遗址中我们可以看到生命和文化的迹象，这些具体的自然遗产和文化遗产，是人类印证历史发展的宝贵财富。20 世纪末由于经济和人口的高速发展，我国城市规模迅速扩大，使人地关系变得非常紧张。城市的发展对自然和文化遗产的保护带来了威胁和问题，特别是商品经济高速发展的近现代，对环境和文化的破坏已造成了极其严重的后果，其中论证不完善的乱拆、乱建和对各种资源的污染，对相当数量的自然遗产和文化遗产造成了不可挽回的损失，虽然政府补充了许多有效保护措施，但有些已是无法挽回。近年来，世界遗产保护部门也加大了对自然遗产和文化遗产的保护力度，提出了对"文化线路"的保护与发展的新内容，加入了有关文化线路的建立与保护及其重要性的有关内容，把自然遗产和文化遗产一起作为具有普遍性价值的遗产加以保护。其核心内容就是要对历史环境的保护范围加强、加大。从街区、城镇到文化背景和遗产区域，对这些文化线路中不可或缺的具体内容加强保护。这对于自然和文化遗产的保护起到了推动、加强和反思的重要作用。特别是在以高科技和商业化推广为标志的高速发展中的国家，这显得尤为重要，具有现实意义和历史意义。在我国，相当数量的文化旅游线路，受商业利益的驱使，其商业价值已远远超过了保护价值和文化价值，这是很值得我们深刻反思的问题。在中国这样一个具有悠久文明传统的国家，应谨慎对待和深刻反思对遗产保护的重要性和深远意义，应把保护放在第一位，保护就意味着文化的延续，这些原有的空间形态与秩序，叙述着不同文化和生活习俗以及在生产中不断改变的过程，一旦毁坏将无法复原。而保护的最基本做法就是要放弃没有文化意义和科学论证的乱建、乱伐和急功近利的乱开发，坚决放弃以污染空气、河流和土壤为代价的污染经济项目。在文化线路的保护上，必须充分认识到，自然遗产和文化遗产具有不可再生的价值，一旦破坏和摧毁，或者保护不力，将不可再生，失去本质的实际价值。这种保护的意义，不仅仅体现在一处或多处的景观保护，更重要的还有它的真实历史背景和人文形态保护，社会发展转型期更应该理性对待和科学论证。

工业化的发展给地球村的建设与发展带来了空前的繁荣和众多的实惠，但有利必有弊，人与自然的关系问题、环境污染与保护问题，手工艺和人文环境的逐渐消失问题，经济建设与可持续性发展等，必须解决而又暂时不能解决的问题、矛盾越来越多，越来越深入到人们的日常生活之中。现代人向往农业化时代的空气、水质和自然的人文环境，但又喜爱工业时代的物质产品，希望充分享受舒适的物质化环境和全面的物质功能，并由此引发更高智慧、更为实用、更高科技含量的物质欲望，这种欲望在工业社会时期大有取代精神追求的架势，这也是工业化、信息化时代给人类造成精神与物质双重压力的主要原因之一。这主要是现代人盲目崇尚物质与技术造成的。在开发物质能量的同时，在极度追求物质与技术的目标下，也产生了许多新的景观设计表现形式。由于不同思想的相互交融、相互影响，新思想也不断产生。人们对传统、历史、现在和未来有着完全不同的理解、行为和期待，多元化的思维与审美，使设计创造活动完全打破了原来尊崇的主流方式与方向，形成了百花齐放的发展局面。在利益的引诱下，不同声音、不同见解的内容与表达形式，使景观设计陷入了一个比较混乱的多元化创造时期。很多景观在设计上甚至违背社会的发展规律和文化背景，一味求异、求洋、求大，导致了一大批不伦不类的景观实物，这些缺乏或没有民族历史感、失去文化底蕴、没有现实引导意义、没有可持续发展意义的"景观"在不久的将来，就会成为一堆堆文化垃圾。

人在本质上讲首先应该是自然的，然后才是社会的。人类在自然景观和社会景观的意义中寻求不同心理的精神安慰，从自然人的角度看待景观世界，地域文化和人的情感要同客观存在的景象达成共鸣，对物质产生的意义要从精神上认可，才能使二者相互交融并产生意义，达到人与物的相互交融，达到平衡存在的良好状态，这体现着较高层次的主客观审美追求。从这个层面上理解当下中国的工业化城镇景观状态，在规划与创建上似乎以追求工业化技术层面为先导的居多；忽视或放弃文脉传承、忽视人类情感因素的居多；片面求异、求洋、求大为第一目的的居多；以物质和技术为先导，不考虑具体的文化背景与条件的居多。这种情况给任何一种文化都会带来前所未有的冲击，甚至产生灾难性的后果，会使人与自然、人与社会、人与人产生较大的距离，并最终使人陷入孤独。

中国是一个以农业为主导产业的发展中国家，在改革开放、以经济发展为核心的过程中，逐步向以工业技术生产和产品加工为主的工业化国家发展，这是一种可喜的进步。但在景观规划上，特别是景观建筑的建设上，我们在没有充分的时间和空间条件准备下，大批量接纳和消化世界发达国家的科技和艺术成果，而这些实验成果，在某些方面有成为城市景观设计主流的趋势。在景观设计领域对于以新思想、新技术为主导的设计与应用，我们在视觉和精神上都还暂时处于一种不成熟的兴奋与怀疑之中。对追求新的物态与结果表现出的热情、新奇、刺激、盲目要审慎对待，要用持续发展的态度来对待。工业化的景观设计在经济发达国家的发展是比较有序的，他们在这个过程中有比较充足的时间来论证和有序地拓展，有时间和空间理智地运用乃至输出他们的科技成果。而我们却以较短的时间，承受发达国家百年以上科技成果的商业侵入，并且基本接受和实现了景观设计国际化这样一个事实。这个事实的快速实现，使我们的自我文化牺牲太大，历史景观日渐消失。在城镇的发展中可以看到，原有形态的传统文化环境已经模糊或已经没有了，过快过多的国际化景观环境，使我们感到生存在一种人为的、技术的、物质景观之中。这种没有个性的物质堆砌，展现的只是技术成果，"以人为本"的精神层面渐行渐远，城市的规划与建设已基本脱离了我们的传统文脉，以一种非常机械的、生硬的、陌生的物质化姿态出现。

景观设计是物质化的空间表现，这个物质化空间的生成，会释放它承载的各种信息，如果一个城市没有了它的历史与文化背景，它会是一个怎样的空间状态呢？本土文化是一个城市发展的灵魂，它使这个城市有历史感和归属感，它用自己的语言叙述自己的以往和现在。以本土文化特质的消亡来换取国际化风格的植入，是不理智和论证不充分的结果。本土文化是一个民族在历史的长河中经过长期的奋斗和积累而形成的民族文化财富，有其特殊的文化脉络和滋养方式。我们必须吸收接纳一些工业化的、高科技的成果来发展我们的本土文化，但不是错位地跳入另一个陌生的脉络中快乐地销毁自己。所以从事景观设计必须尽快探讨、寻求一些切实可行的、适合国情和地域文明发展的空间物质表现形式，来引导和适应这个转型期，并坚决以不失本土文化的存在和发展为前提。

实现以本土文化为主流的环境设计，充分利用工业化、高科技的优势，创造多元价值共存的和谐社会的景观环境，是景观设计师的追求和责任。

第三节　生态景观艺术设计的历程

景观环境设计史，可以说是人类社会生存和发展的综合史，是人类从生存需求到营造和追求生存质量及思想进步的科学艺术演变史。在这个漫长的演变过程中，我们看到，在历史景观设计中充满着人类社会的各种智慧和追求，从狩猎、农耕的最基本生存需求，到现在追求高质量的物质享受，从各个方面的思想变迁和环境变化来看，其中包含着信仰、政治、经济、文化、军事及生活方式等各方面的种种故事。景观设计史见证着人类社会在精神和物质需求上不断增长和不断满足，又不断增长和满足的探求精神。在解决了生存危机的社会环境中，人类的第一需求就是渴望追求更舒适、更完美和更高层次的生活品质。各个历史时期处在和平环境中的人们，追求和营造更高层次、更高智慧的生活环境的热情、欲望不断加大，涌现出许多更高技术、更多功能和更高审美层次的人文景观。

一、智慧的启蒙

（一）石器时代

石器时代又分为旧石器时代和新石器时代。旧石器时代的古代先民已经有意识地选择，制作具有削刮功能的器具来帮助生活，在居住场所的选择上，也寻找可以御寒和具有防御功能的场所作为栖息地。这些活动已经具有比较明显的目的性，其中也包含着最初的设计意识。旧石器时代晚期的器物上还有装饰物出现，从石器的功能性和外观特征中已显示出古代先民追求美的意识。

新石器时代的古代先民已掌握了基本的农耕技术，从以狩猎、采集为主要生活来源的生存方式，转为以农耕种植和畜养动物为主的生活方式。他们发明并制造出比原来更加精巧的磨光石器工具，用以装饰石器的方法也逐渐增多。新石器时代的聚落已经有比较严整的规划和大中型房子，并有多形态的形式变化，既有带套间的排房院落布局，又有规模宏大、平地起建的大型景观。

（二）青铜时代

青铜的冶炼和青铜器的出现，使人类社会由石器时代过渡到青铜器时代。标志着社会生产关系将产生巨大的变革和飞跃。金属器具在农业的广泛使用，使生产效率得到很大提高。生产效率的提高，让人们有了更多精力和技术来改善其生存的环境。人类根据其居住地域的不同特点，创建出各种居住景观的型制，并开始较大规模的城镇建设，以公共景观来体现权力关系。其城镇形态的特征表现为功能划分逐渐清晰，人口密度增高，区域和远程贸易开始形成和发展。

二、古老的亚洲

（一）西亚的古巴比伦

西亚文明源于美索不达米亚。也被称为"巴比伦文明"或"巴比伦——亚述文明"。是世界上最早的文明发源地之一，位于现在伊拉克境内的幼发拉底河及底格里斯河之间的流域，是古代巴比伦的所在地。这支文明有着丰富而多样性的民族文化，种族成分非常复杂，它的创立者是苏美尔人。

新巴比伦城"空中花园"美索不达米亚勒底帝国巴布甲尼撒二世建造，世界七大奇观之一，被认为是世界上最古老的屋顶花园。

最早的苏美尔人创造了一套文字体系，这就是著名的"楔形文字"，最初是象形文字，逐渐演变为一个音节符号和音素的集合体，用以记载重大事件。它是用平头的芦秆刻在泥板上并晒干后保存。古代巴比伦——美索不达米亚的数学也非常发达，公元前一千八百年左右，巴比伦人就发明了六十进位的方法，而且知道如何解一元一次方程。古巴比伦人非常重视城市的景观，他们在公元前三千年就开始了景观设计。在景观上由于受到景观材料的限制，其景观均为土烧结砖砌筑而成，用这种材料建成的屋宇，在造型上的变化比较自由，建造中可以发挥的空间比较大。古巴比伦景观的基本特点是屋宇比较低矮，向水平方向展开，重要的景观都建在台基之上，屋顶上是平坦的，并建成屋顶花园。宫殿的景观规模则比较大，多数宫殿景观都带有方形的内庭。由于巴比伦经过许多王朝和地理范围的变更，在景观的发展上出现了错综复杂的历史现象。

（二）古代印度

印度河流域也是世界最早文明的发源地之一。由于地理的原因，古印度社会早期的发展比较封闭，唯一的陆上通道就是西北部的伊朗高原，是接触和吸收外部文明的主要渠道。

大多数景观都用石材构筑而成，景观形态相当雄伟，有些景观直接从岩石上雕刻出来，成为与自然山体浑然一体的景观，其中最具代表性的是埃罗拉石窟群，有34座石窟。这种景观的建造形式十分独特，有的在岩石中开凿一个独立的院落，有的则开凿成上下两层。窟内的石柱、柱脚都刻有各种风格的雕花图案，表现出对空间的独特认识。古代印度的景观风格追求象征性，几乎没有常人的个性和世俗的内容。

印度的莫卧尔帝国在阿克拜帝执政时期建都于亚格拉城。后来，沙贾汗帝非常宠爱子马哈尔。爱子死后将其墓建于贾穆纳河畔。是一座有镶嵌彩色玉的大理石建成的波斯式景观，周围配有花圃和水池，在月明星稀之夜显得格外美妙。

（三）西亚的伊斯兰

巴格达的宫殿和庭院除了一些传说的记载，没有留下其他实际的遗迹，其房屋和庭院仍是沿袭传统，但室内外的关系在设计上比较密切；屋外有可供赏景的乘凉平台，庭院内有银树，以及金银制成的机械鸟和其他奇特的装饰物，景观设计上的创新则主要由土耳其人承担，他们运用拜占庭工匠的景观方法，发展其低矮小巧的景观群，建造成看起来像蘑菇似的景观外观，这种想法可能受到游牧部落帐篷外观的影响。

在布尔萨和后来的君士坦丁堡，土耳其人发展出一门新型的景观规划艺术，将景观布置在宏伟的环境景观之中。在建都布尔萨两个半世纪之后，伊斯法罕被布局为一个四周为自然景观环抱的城池，因为当时对于城市绿化一无所知，这个布局设计基本上是基于美学理由发展而成。以波斯庭院序列作为基础，平面配置以伊斯兰特有的正方形及长方形所组成。在城镇规划当中避免了对称性及完整性的追求，以图达到只有真神才可到达的完美状态。

著名的巴格达圆城，于公元762年由邻接底格里斯河的富饶国家哈利发曼苏尔兴建，作为阿拔斯王朝的新首都。幼发拉底河灌溉了两河之间的土地，而底格里斯河则滋润了东岸的土地，确定的城市圆形范围与不规则的水道形成对比。内城到处是盛开的花，这座城市后来成为香料工业的中心。

巴格达并不是唯一的圆形城，但却是唯一留下详细描述和测量记载的城市。护城河围绕着外层的墙，在第二层较厚的城墙和最内层的墙之间是居住的景观物，并且预留出宽广的中央空间，供其他公共活动和建造其他用途的景观使用，中央空地还有清真寺和具有绿色屋顶的曼苏尔宫殿。城墙外的河川沿岸上，都是规模浩大的皇家庭院。

（四）古老的中国

中国的景观设计是从造园开始的，中国的造园艺术是景观意识的集中体现，以追求自然的精神境界为最终和最高目的，以"虽由人作，宛自天开"为审美旨趣。它深深浸透着中国文化的精神内涵，是华夏民族内在精神品格的生动写照。中国古典园林，也称中国传统园林，它历史悠久、文化内涵丰富、个性特征鲜明，表现形式多姿多彩，具有很强的艺术感染力，是世界三大园林体系之最。在中国古代各景观类型中，古典园林景观可以算是艺术的极品。由于历史原因与传统的积累，中国人已形成了自己特有的对美的评价标准。

魏晋南北朝是我国社会发展史上一个重要时期，这个时期的社会长期处于战乱、分裂的动荡时期。这时期的社会经济也曾一度繁荣、文化昌盛，士大夫阶层追求自然环境美。受老庄哲学影响，在当时隐逸之风大兴，以游历名山大川和以隐士身份出现，成为当时社会上层的普遍风尚。这时期的玄学代表人物康曾宣称"老子、庄周，吾之师也"。以"招隐诗""游仙诗"为代表的诗体，充分反映出当时社会的审美心态，对后来的园林设计美学思想的发展，特别是江南私家园林的美学思想影响很大。这一时期还出现了许多不朽的文艺评论著作，如《文心雕龙》《诗品》。而陶渊明的《桃花源记》等许多名篇，也都是这一时期问世的。晋代的陶渊明对园林设计的影响很大，他对于田园生活的理解和态度，创造了中国园林史上的审美新境界，以松菊为友，琴书为伴，追求宁静自然的生活状态。这个时期以山水画为题材的创作活动也比较活跃，文人、画家开始参与造园活动，使"秦汉典范"得到进一步发展。北魏张伦府苑，吴郡顾辟疆的"辟疆园"，司马炎的"琼圃园""灵芝园"，吴王在南京修建的宫苑"华林园"等，都是这一时期具有代表性的园苑。

隋朝结束了魏晋南北朝后期的战乱状态，社会经济一度繁荣，加上当朝皇帝的荒淫奢靡，造园之风大兴。隋炀帝"亲自看天下山水图，求胜地造宫苑"。迁都洛阳之后，"征发大江以南、五岭以北的奇材异石，以及嘉木异草、珍禽奇兽"，都运到洛阳去充实各园苑景观，当时的古都洛阳成了以园林著称的京都"芳华神都苑""西苑"等宫苑都穷极豪华。在当时城市与乡村日益隔离的情况下，那些身居繁华都市的封建帝王和朝野达官贵人，为了玩赏大自然的山水景色，在家园宅第内仿效自然山水建造园苑，不出家门，便能享受"主入山门绿，水隐湖中花"的田园乐趣。把以政治、经济为中心的都市，建成了皇家宫苑和王府宅第花园聚集的地方。

唐太宗"励精图治，国运昌盛"，使社会进入了盛唐时代，宫廷御苑设计也愈发精致，特别是由于石雕工艺已经成熟，宫殿景观雕栏玉砌，格外突出并且显得华丽。"禁殿苑""东都苑""神都苑""翠微宫"等。当年唐太宗在西安骊山所建的"汤泉宫"，后来被唐玄宗改作"华清宫"，其宫室殿宇楼阁"连接成城"。

唐朝后期大批文人、画家参与造园，造园家与文人、画家结合，运用诗画等传统表现手法，把诗画作品所描绘的意境情趣，引用到园景创作之中，有些甚至直接以绘画作品为设计底稿，寓画意于景，寄山水为情，逐渐把我国造园艺术从自然山水园阶段，推进到写意山水园阶段。唐朝王维是当时具有代表性的一位，他辞官隐居到蓝田县，相地造园，是园林史上著名的私家大园林，园内山峰溪流、堂前小桥亭台，都依照他所描绘的画图布局来筑建，如诗如画的园景，表达出他那诗情画意般的创作风格，他的组诗有这样的诗句"湖上一回首，山青卷白云"。"文杏载为梁，香茅结为宇"等关于赞颂园林的美妙诗句。

宋朝、元朝造园也都有一个兴盛时期，在"三吴都会，钱塘自古繁华"的杭州是宋朝园林建园数量最多的时期，士大夫文人基本都有或大或小的住宅园林。我们从宋代的诗词中可以看到它的许多细腻之处。"庭院深深深几许，杨柳堆烟，帘幕无重数""花径里，一番风雨，一番狼藉。红粉暗流随水去，园林渐觉清阴密……庭院静，空相忆"。宋朝园林开始注重境界的营造，并把审美提升到很高的层次。在客体景观的构成手法上也有了新发展，表现形式上较好地运用掩映藏露，在虚与实、曲与直、大与小、深与浅等手法的艺术处理上，创造出前所未有的艺术成就，园林设计开始走向真正的成熟。同时在景观设计用材方面也非常讲究，特别是在用石方面，比以往有了很大发展。宋徽宗在"丰亨豫大"的口号下大兴土木。他对绘画有较深的造诣，喜欢把石头作为欣赏对象。先在苏州、杭州设置了"造作局"，后来又在苏州添设"应奉局"，专司搜集民间奇花异石，舟船相接地运往京都开封建造宫苑。"寿山岳"的万寿山是一座具有相当规模的御苑。此外，还有"琼华苑""宜春苑""芳林苑"等一些名园。现今开封相国寺里展出的几块湖石，形体的确是奇异不凡。苏州、扬州、北京等地也都有"花石纲"遗物。宋、元时期大批文人、画家参与造园，进一步加深了写意山水园的创作意境。

明、清是中国园林创作的高峰期。皇家园林的创建以清代康熙、乾隆时期最为活跃。这个时期社会相对稳定、经济繁荣，给建造大规模写自然园林提供了有利条件，"圆明园""避暑山庄"等都是这个时期的力作。私家园林则是以明代建造的江南园林为主要成就，如"沧浪亭""休园""拙政园"等。同时在明末还产生了园林艺术创作的理论书籍《园冶》。他们在创作思想上，仍然沿袭唐宋时期的创作源泉，从审美观到园林意境的创造都是以"小中见大""须弥芥子""壶中天地"等为艺术创造手法。以自然写意、诗情画意为设计创作的主要理念。大型园林设计不但模仿自然山水，而且还集仿各地名胜于一园，形成园中有园、大园套小园的设计风格。

明清园林设计在继承传统的基础上又不断创新，在创作手法上有意识地对构成要素加以改造、调整、加工、提炼，从而表现一个精练、概括、浓缩的自然。它既有"静观"又有"动观"的景象营造方法和手段，从总体到局部都包含着浓郁的诗情画意。在这种空间组合形式上，明清设计师把景观物的作用提高，使景观成为营造景观的重要手段和方法。园林从游赏向可游、可居方面逐渐发展。充分运用一些园林景观如亭台楼、桥廊等来做配景，使周边环境与景观融为一体。明、清时期的园林创作因为这一特点，成为中国古典园林集大成时期。

（五）日本的景观

日本式的景观设计风格，其前身是日式传统园林景观。日式的枯山水园林设计，是日式传统园林景观的代表风格，它源于日本本土的缩微式园林景观，多见于小巧寺院。在其特有的环境气氛中，用细细耙制的白砂石铺地、叠放有致的石组摆放，其氛围能对人的心境产生神奇的力量，并能表达深沉的哲学理念。中国文化曾对日本节化的发展产生过巨大影响，特别是中国景观群的几何式布局和自然象征主义的表现手法，为日本环境设计的发展奠定了基础。在景观设计发展过程中他们吸收中国文明的营养，结合日本的具体特点，形成了自己景观设计的特色，其风格是严肃、雅致、庄重和素净。

日本园林景观设计相信地球是有意识的，是一个生活实体，并且它的所有组成部分：人类、石头、植物、水和动物都是相互平等、相互联系着的。日本造园者在园林设计中，不是移植或复制自然，而是充分利用造园者的想象，从自然中获得灵感。他们最终的目的，是创造对立统一的景观环境，即人控制着自然，某种程度上，造园活动还要尊重自然的材料，并通过这些来表现人的艺术创造性。

日本园林也选择以山水为骨干的表现形式，总体上看，日本园林的本质为池泉式，以池比拟海洋，以石比拟孤岛，泉为水源，池为水；池泉为基础，石岛为点缀，舟桥为沟通。园林中山水尺度都偏小，早期主要用覆盖草皮的土山，后来又引入假山、岛屿和桥，园林景观的表现形式也逐步改变。在水的处理上，尽可能使水域接近自然溪流沼泽，人工味较淡，或大或小的水面，流水或滴水的声响，都要勾起人们的许多思念。以低矮植物和草地为主要绿化植物，经过梳理的植物精心种在石缝中和山石边，以突出自然生命力的美。树木是经过刻意挑选和修剪过的，富有浓郁的表情含义。石材应用也是通过精心挑选，石灯笼、清洗器具也成为景点或构件。作为构建山水的石材，其形态质感、色彩组合要提炼成带有神化色彩的山水，要能使人们产生对名山大川的向往。日式园林设计的精心和细致也培养了观者的敏感和多情，这也是东方景观的特征。

到了现代，日本的城市景观设计依然沿袭着日式园林景观的精华，并结合了许多现代高科技的技术手段和先进的设计理念，创造出了许多杰出的景观作品。

三、古埃及与欧洲的景观

（一）古埃及

西方文明的发展是以古埃及为起点的，古埃及人在尼罗河两岸创造了古老的埃及文明。古埃及是手工业时代最发达的文明地区之一。

古埃及人追求永恒的人生，由于这种追求，所以他们创建了许多巨大的纪念性景观，以体现在现实世界中对永恒人生的向往和追逐。埃及人对于人生和环境的要求，更多以视觉审美为基础，其巨大的景观给人以永恒意念的启示。他们创建的伟大景观，充分运用了他们掌握的天文和数学知识，建造出震惊古今的不可思议的完美景观，在诸多的伟大景观中最伟大、最辉煌的是金字塔和神庙，它们用巨大的花岗岩或石灰岩材料构筑而成，具有强大的视觉震撼力和极强的象征性，在构筑与构材方式方法上也达到了今人难以想象和难以置信的程度。古埃及人利用他们特殊的地理位置和自然环境条件，创建出对称的方形和平面几何形式的园林，还把尼罗河的水引入园林，形成可以泛舟的水面，这为西方景观风格的形成奠定了基础。

　　埃及人居住的房屋大多是低矮的平顶屋，富人的住宅周边建造着精美的庭院。从第四王朝始，古埃及人选择用砖石结构的方法来构建房屋，也就是后来被称为"承柱式"的技术体系，即用垂直的立柱和墙为支撑体，在邻近的柱和墙之上，横向放置石梁柱，组成室内的封闭空间。对于柱体的造型，除方柱和连壁柱之外，还有莲花式造型。在城市布局规划上，主要以棋盘状格局为主要特征。在城市整体规划上遵循日出日落的启示，将尼罗河东岸称为"生之谷"，将城市置于东岸，而西岸则主要是墓地和神殿，称为"死之谷"。古代埃及给人类社会创造出伟大的精神和物质遗产，即使今天看来，古代埃及仍然是伟大的、神秘的，甚至不可思议的。

（二）古希腊

　　地中海一带是欧洲文明的摇篮，古希腊位于地中海东岸，其文明的发展深受古埃及的影响，西方文明在发展过程中以古希腊和古罗马为主要代表。古代希腊是西方民族精神的楷模，他们比较崇尚自由和探索，对知识的探求高于信仰，由此原因，古希腊的科学、工艺和景观，都达到了古代社会的最高水平。

　　古希腊是欧洲文明的主要发源地之一，在欧洲的大部分地区还处在蛮荒状态时，古希腊已经具有了较高水准的物质和精神文明。它的文明发展除去自身发展的因素外，还受到了美索不达米亚和埃及等文化的影响。早期希腊神殿景观非常明显地受到埃及承柱式和传统的迈锡尼迈加隆样式的影响。相互的影响和联系对古希腊文明的发展起到促进作用。

　　雅典卫城是当时雅典城的宗教圣地，同时也是现在意义上的城市中心。它位于现在雅典城西南的小山岗上，山顶高于平地 70-80 米，东西长约 280 米，南北最宽处为 130 米。卫城中主要景观有山门、胜利神庙、伊瑞克先神庙和雅典娜雕像。卫城中景观和雕塑不遵循简单的轴线关系，而是因循地势建造，充分考虑了祭奠盛典的流线走向和观赏景观的效果。古希腊景观追求与周边风景的联系与协调，追求完整的形式美感。在庙宇创建上，不太追求实用价值，而是以空间秩序的意识去寻求比例、安静的视觉和心理感受。在景观技术上，希腊人发展了石结构的构建方法，在石材与结构的运用上达到前所未有的水平。在景观的布局上，特别是庙宇景观，景观的平面多呈方形，梁架结构比较简单，运用坡顶，这一形体的景观，逐步发展成为欧洲景观的基本型。

　　古希腊的景观家们在审美情趣和形式美感的追求上，显示出共同的风格倾向，具有高度统一的美学思想。这主要归结于他们一切从人的生活出发这一共同的审美思想和哲学观念。古希腊的艺术家们不仅在景观上获得辉煌的成就，在陶器、服饰、武器、车船、家具等方面的设计上也为人类社会的发展做出了杰出的贡献。

（三）古罗马

　　古代西方罗马帝国达到了又一个辉煌的时代。战争使罗马帝国变得日益强大，其统治版图也在不断扩大。古罗马帝国在奴隶制国家历史中的成就格外辉煌。罗马帝国征服了当时其他一些强大国家，成为自古以来第一个最强大的帝国。随之与外界一些国家诸多方面的文化交流也不断的加强，它的城市规划、景观及其景观设计都比以往有了巨大的发展。罗马人借助希腊理性城市的规划思想，为自己后来建立秩序化城市奠定了基础。他们发明修建高架水渠，并飞越山岭，把水送到罗马的宫廷花苑之中。许多景观和田园的景观设计，为罗马贵族后来奢华的生活方式和田园生活方式引导了设计原型。

罗马人不满足于已有的梁架结构形式，创造性地运用了天然混凝土——火山灰，发明了拱券的景观方法，既增大了景观的跨度，又为景观的造型发展提供了方便。由于景观技术的进步，罗马的城市景观呈现出成熟完美的面貌。在柱墩与拱券发挥强大结构支撑力量的同时，对柱子进行精心的雕饰，柱子与拱券又发展成连续券，其形体面貌看上去奢华、完美。古罗马人那些特有的严峻的民族主义气概在景观上充分地体现出来，同时也反映出古罗马当时的生活水平和审美观念都已达到了很高的水准。其城市规划与景观已达到了比较完美的程度，并发展成为古代文明史上的经典景观。

古罗马时期，战争频繁，为了战争，他们修建了道路和雄伟的凯旋门，让得胜凯旋的将士们从门券中通过，以提高将士的威严和军队的士气。古罗马还出现过许多造桥的专家，他们建造的桥梁至今留在莱茵河上。古罗马的广场设计是它的城市建设又一个重要内容，最初广场是以买卖和集市为主要功能，逐渐发展成集中体现那个年代严整的秩序和宏伟气势的空间环境。并将柱廊、记功柱、凯旋门建于广场，将其装扮得富丽堂皇、宏伟气派。

（四）中世纪欧洲景观

欧洲的中世纪包含着广阔的地理区域和漫长的时间跨度。从公元476年西罗马帝国的没落到15世纪文艺复兴时代开始，是历史上著名的中世纪。

中世纪的城市中教堂是最主要的公共景观，这些景观充分体现了当时景观的艺术成就，给人类社会留下了丰富的景观技术和工艺成就。中世纪的城市建设因其国家和地域的不同而千差万别，但总体水平有了很大的发展，但城市与乡村的差别不是很大。中世纪的景观所遵循的模式已超越了当时所处的社会，具有相当的现代意识。景观师在当时也具有较高的社会地位，他们已经意识到了某种标准化计量的优越性。1264年，法国的杜埃就颁布景观用砖的法令，规定用砖必须面宽为6英寸×8英寸。

中世纪景观艺术的最高成就是哥特式风格的景观。12世纪后期产生的哥特式风格一直繁荣到15世纪，成为中世纪的主流风格。这种风格最初生成于法国北部，景观师用交叉拱建造教堂拱顶的方法，有效地解决了教堂高度与自重之间的矛盾。他们用修长的立柱和细肋结构代替了原来厚重的墙体。巨大的空间、高耸的尖顶让人感受神威至上的精神。哥特式教堂在内部装饰上除雕刻外，还采用彩色玻璃窗画。并用铅锡合金做成的嵌条，在窗户上构成各种美丽的图案。

（五）文艺复兴时期的景观

文艺复兴运动是欧洲文化发展转变的重要时期，源于意大利佛罗伦萨的文艺复兴运动对于中世纪文化产生了巨大的冲击和变异，表面上看是一种在新形势下继承和利用古典文化掀起的新文化运动，其实质却是资本主义萌芽带来的思想文化变革。文艺复兴唤醒了人们沉睡多年的创造精神，使欧洲进入了一个创造性的时期。它使艺术和工艺分离，设计与生产分离，使艺术与设计成为完全不同于纯手工艺的事物。

（六）巴洛克风格

巴洛克景观和装饰的特点是外形自由、追求动感，喜好富丽的装饰、雕刻和强烈的色彩，常用穿插的曲线和椭圆形空间来表现自由的想象和营造神秘气氛。景观看起来像大型雕塑，半圆形券、圆顶、柱廊充满精神祈求的外形成为其最显著的特征，巴洛克风格的景观形体与装饰多采用曲线，使用夸张的纹饰，使其富有情感。巴洛克风格打破了文艺复兴晚期古典主义者制定的种种清规戒律，同时也反映出人们向往自由的世俗思想，到近代在法国、德国、英国巴洛克风格达到顶峰状态。

（七）法国的古典主义

16世纪的法国正处于摆脱中世纪精神向古典主义转型的时期。法国位于欧洲大陆的西部，国土总面积约为55万平方公里，是西欧国土面积最大的国家。它大部分陆地为平原地貌、气候温和、雨量适中，是明显的海洋性气候。这样的地理位置和气候，为多种植物的生存繁衍提供了有利的条件，也为园林设计提供了丰富的素材。巴黎作为法国的政治、经济、文化中心，使法国所有的古典景观设计几乎都集中在这一带。文艺复兴运动和亨利四世同意大利马里耶·德梅迪斯的联姻，给法国文化带来了意大利文化的影响，为法国古典主义园林设计增添了营养，也使法国造园艺术发生了较大的变化。16世纪上半叶，继英法战争之后，伐落瓦王朝的弗朗索瓦一世和亨利二世又发动了侵略意大利的战争，虽然他们的远征以失败告终，但却接触了意大利文艺复兴的文化，并深受意大利文化的影响，对造园艺术的影响表现在：花园里出现了雕塑、图案式花坛以及岩洞等造型，而且还出现了多层台地的格局，进一步丰富了园林的表现内容和表现形式。

16世纪中叶，随着中央集权的加强，园林设计艺术有了新的变化。景观表现形式呈现庄重、对称的格局，植物与景观的关系也变得密切，园林布局以规则对称为主要构成方式，观赏性增强。规划设计从局部布置转向注重整体，提倡有序的造园理念，造园布局注重规则有序的几何构图，在植物要素的处理上，运用植物以绿墙、绿障、绿篱、绿色景观等形式来表现，倡导人工美的表现。

四、近现代景观设计

近代景观设计起源于西方文明的思想变迁，从16世纪到18世纪，西方文明从封建专制走向自由资本主义。资本主义使世界性的商业交流变得频繁和方便，商贸交易使一些西方国家的经济得到迅速发展，随之而行的国家之间的文化交流也日渐增多。在景观设计方面突出表现为设计思想跨越了地域，文化间的相互交流与影响使景观设计向综合观念发展。这个时期在景观设计领域出现了很多学派："欧陆学派""中国学派""英国学派"等都产生于这一时期，这些学派的产生也是相互交流、相互影响的结果。这个时期具有影响力的是法国的景观设计，其主要案例是凡尔赛宫苑和图勒瑞斯的扩建，同时也将景观设计的要素穿插到城镇规划和城市空间设计中，这对"欧陆学派"的形成有决定性影响。整个18世纪法国和意大利的几何式规划设计风格，对欧洲的景观设计都有决定性的影响。法国人强调空间的组织性和整体性，讲究主次分明，这种规划秩序的观念对以后的城镇规划设计产生了很大的影响。这一时期中国的景观对于欧洲的影响主要是园林和景观及其布局，其表现手法和表现形式被广泛采用，中国文化的介入对欧洲景观设计产生了不可忽视的影响，但对于中国园林的设计理念，欧洲人并没有真正地理解，这与文化的基础和对其价值内容的认同有直接的原因。"英国学派"的审美意识则充分表现出英国人热爱自然的自由主义倾向，它的具体表现体现在注重人与自然的关系，讲求环境空间优化设计，结合地形地貌的变化，将景观、农场、植物等与自然环境相结合，构成一幅幅画一般的景象，将实用场所升华到艺术氛围。英国式自然风景园林的兴起和发展，加速了英国景观从古典主义向浪漫主义的转化。这些学派的形成与发展，对欧洲景观设计的发展产生了很大影响。

这个时期的欧洲民族意识已完全取代了君王意志，这期间经济和文化的交流打破了保守的古典设计风格，来自世界各地不同风格的景观设计相互影响。植物品种的相互引入，促使欧洲的景观设计呈多元化趋势迅速发展，特别是景观风格设计多样性的表现尤为突出，除去欧式的传统风格景观外，埃及式、印度式和受日本影响开创的英国都市花园风格等，同时登上欧洲景观舞台；另外欧洲不同流派的画家对景观设计的理解，对景观设计观念的改变也有较大的促进作用。

19世纪，西方国家城市工业化的迅速发展，使社会结构发生了重大变革，工业革命和科技的发展，催生了现代景观建筑的产生与发展，人们的思想和生活态度也发生了重大变化，对传统体制的反叛思想逐渐滋生和发展，改变旧的生活观念、行为方式和生活态度逐步成为行为主流。城镇建设迅速向郊区发展，大片土地被开发为工业用地，城市不断向现代化、巨大化迈进。这种变化在给社会发展和人民的生活带来诸多方便的同时，也带来了许多负面的效应，工业化不但迅速恶化了人与自然的关系，也淡化了人与人之间的情感，生态环境迅速恶化，人口爆炸、资源缺乏、各种污染加剧，使人类自身的生存和延续受到前所未有的威胁，环境问题不断出现，并且日趋严峻。现实环境中能够与自然融为一体的环境越来越少，人们对多一些"自然"的生存环境与空间充满向往。

当代科学技术的飞速进步，为城市建设带来了丰富的景观材料和几乎无所不能的技术手段，技术的进步导致设计发生了根本性的变革；新型材料的出现，如混凝土、金属、玻璃等建材，使景观观念和景观形式得到彻底的改变。1851年在英国伦敦出现的用钢和玻璃建造的水晶宫，把高科技用于景观的构想变成了现实。新材料、新技术的运用也为城市规划和景观设计带来了新的表现思路和表现方法。各种各样的金属材料，如钢、不锈钢、镀锌钢、铝和各种合金，各种各样的合成材料为创新环境提供了丰富的质感和色彩。当玻璃发展成为一种可以用来承重的材料时，它的运用方式有了革命性的变化，新材料的应用也意味着新结构形式的产生。金属材料的运用使景观跨度加大，表现形式愈加丰富，新颖的结构方式使景观以全新的视觉形象出现。观念的改变使设计者对传统材料的运用也有了全新的表达方式，新的结构美学代替了古典的装饰美学。新技术的运用不仅降低了成本，而且开拓了景观设计的无限可能性。

21世纪的城市环境设计，将会在以人文和科技领先的设计理念基础上来进行。它给我们带来的不仅仅是一些新材料、新科技的展示，而且是集生态学、心理学、社会学、设计学、环境保护、美学、材料学等学科为一体的整体优化的系统设计，将给追求健康、环保、美丽、和谐的未来社会带来更高品质的视觉感受。

（一）现代化的城市景观

城市是人类社会文明和文化发展的重要标志，任何一个国家都会有几座各方面都比较发达的城市作为国家形象的标志。城市作为人类文明的载体，既积聚了物质和经济，又积聚了文化和艺术。实现城市现代化是城市发展的必然过程，是城市的品质和发展质量方面进步和提高的过程。城市现代化的建设是城市经济高效益化、城市社会文明化、城市环境优质化和城市管理科学化的系统集合；也是现代人追求现代生活的需求。城市现代化给人最直接的视觉感受是景观功能和表现形式的变化，突出表现在规划和景观技术和风格的变化上。老城市的格局与功能、规模等都已经不适合现代化城市建设的发展要求，所以必须进行改进或重建，这个过程中对许多问题的讨论、探求、争议等一直都十分激烈，至今也没有形成一种主导意见和表现形式可以作为主流设计思想。这恐怕会成为一个长期研究的题目，毕竟社会是不断向前发展的，新问题会不断出现，并且是呈多元化发展趋势的。城市现代化在给人类带来许多益处的同时，也带来一系列严重的环境问题。城市的特点表现为拥挤、喧闹、污染和紧张。城市建设的主要矛盾表现为经济与文化在发展过程中的冲突，特别是经济建设对城市中的自然生态景观、人文景观等在存留与保护方面造成的极大影响甚至破坏。如何进行现代化的城市建设？是一个需要长期不断探索和研究的重要课题，在这当中有一点必须要长期坚守的，就是城市现代化建设必须是在科学、文化、系统规划指导下进行城市景观建设，坚持以延续文明为目的的环境设计。如果一味追求高科技和多元化发展，城市会变成没有生气的商业机器。

城市现代化建设在当今时代要求体现生态的作用。生态科技的发展是应对环境不断恶化而采取的手段，也是促进现代景观设计进步的重要动力，发展生态所带来的新技术，是促使目前景观面貌改变的重要因素之一。许多景观设计利用现代生态科技成果，运用当代工程技术，不仅赋予景观设计以新型环境空间，带来新的表现语言和视觉感受，还带来了生态保护和发展的成果。在现代化城市建设与发展过程中，坚持优化景观生态、科学系统、长期有效地使城市保持生机，是城市建设的基本原则。具体操作上，要从区域地质地理环境背景的演变出发，探讨区域条件下的自然生态与景观特征，运用景观生态学、城市规划和环境科学原理，进行整体化的区域景观生态规划，从整体上改善、优化城市景观生态，生态保护与生态建设并举。充分考虑环境的承载能力和景观生态的适宜性，使之合乎自然发展规律，健康、和谐、长久、系统地良性发展。

（二）现代景观设计

现代景观设计的发展依赖于思想革命，是生存观念上的巨大突破，它标志着新的经济模式和新的生活态度。现代设计追求个性表现、追求科技与形式和功能的表现，突出主观理念的表达，把景观设计艺术推向一个新的历史阶段。现代主义景观思潮主要是指产生了19世纪后期到20世纪中叶，在世界景观潮流中占据主导地位的一种景观思想。现代主义企图建立一种新的审美秩序，在景观设计上不仅体现在材料和技术的应用上，在各个方面都力图以全新的理念彻底打破传统的理念和秩序。这种景观的风格具有鲜明的理想主义和激进主义色彩，被称为现代派景观。现代主义景观思想坚定主张景观要脱离传统形式的束缚，坚持创建适应工业化社会条件和要求的新型景观。

现代主义景观提倡和探求新的景观美学原则，其中包括表现手法和建造手段的统一；景观形体和内部功能的配合；景观形象的逻辑性；灵活均衡的非对称构图；简捷的处理手法和纯净的体形；在景观艺术作品中吸取视觉艺术的新成果，拒绝装饰的东西。

19世纪末20世纪初，西方文化思想发生了巨大动荡。这种社会背景下的德国和法国成为当时景观思潮最活跃的国家。德国格罗皮乌斯、密斯·范德罗、法国勒·柯布西耶三位景观设计师，成为主张全面改革景观设计的杰出代表人物。1923年勒·柯布西耶发表《走向新景观》，提出比较激进的改革景观设计的主张和理论，并于1927年在德国斯图加特市举办展示新型住宅设计的景观展览会。1928年各国新派景观师成立国际现代景观会议的组织，到20年代末，一种旨在符合工业化社会景观需要与条件的景观理论渐渐形成，这就是所谓的现代主义景观思潮。

格罗皮乌斯、勒·柯布西耶、密斯·范德罗等人在这个时期设计建造了一些具有现代风格的景观。其中影响较大的有格罗皮乌斯的包豪斯校舍、勒·柯布西耶的萨伏伊别墅、巴黎瑞士学生宿舍和他的日内瓦国际联盟大厦设计方案，密斯·范德罗的巴塞罗那博览会德国馆等。这些现代感很强的景观设计在当时产生了极大的影响，在言论和作品设计中他们都提倡"现代主义景观"，强调景观要随时代发展，要同工业化社会相适应，并采用新材料和新结构进行景观设计，充分发挥材料及结构的特性，深入研究和解决景观的实用功能和经济问题，发展和运用新的景观美学，创新景观风格。他们研究的理论和实践作品，对世界景观的发展产生了深刻影响。现代主义景观思潮本身包括多种流派，各家的侧重点并不一致，创作也各有特色。20世纪20年代格罗皮乌斯、勒·柯布西耶等人所发表的言论和设计作品主要包括以下一些基本特征：

1. 强调景观随时代发展变化，现代景观应同工业时代相适应。

2. 强调景观师应研究和解决景观的实用功能与经济问题。

3. 主张积极采用新材料、新结构，促进景观技术革新。

4. 主张坚决摆脱历史上景观样式的束缚，放手创造新景观。

5. 发展景观美学，创造新的景观风格。

现代景观在发展过程中，在许多方面受技术和经济的影响比较大，它的物质基础也得益于科技和工业化的发展，由于科学技术的发展已经渗透到规划设计、景观设计以及人们日常生活的各个方面，所以直接影响着景观设计的发展。作为景观，它的科技含量越高，越能体现其设计的现代意识，高新技术成果的利用程度，也将会成为评价现代景观和环境设计艺术的重要标志之一。运用现代科学技术来拓展人们多层次的生活空间，为环境设计实现人性化提供了极大的方便。现代景观设计的发展也带来了新问题，比较集中突出的问题表现在，它逐步切断了与传统文脉的联系，放弃了人与历史和传统的关联，加大了人与人之间的距离。

（三）后现代主义景观设计

后现代主义景观思潮：是对 20 世纪 70 年代以后，修正或背离现代主义景观观点和原则倾向的统称。现代主义景观思潮在 20 世纪 50—60 年代达到高潮。1966 年美国景观师文丘里发表著作《景观的复杂性和矛盾性》，明确提出了种种同现代主义景观原则相反的论点和创作主张。如果说 1923 年出版的勒·柯布西耶的《走向新景观》是现代主义景观思潮的一部经典性著作，那么《景观的复杂性和矛盾性》可以说是后现代主义景观思潮的最重要的纲领性文献。他的言论对启发和推动后现代主义运动，有着极其重要的推动作用。文丘里批评现代主义景观师们只热衷于革新，而忘记了自己应是"保持传统的专家"。文丘里提出的保持传统的具体做法是"利用传统部件和适当引进新的部件组成独特的总体""通过非传统的方法组合传统部件"。他主张吸取民间景观的创作手法，推崇美国商业街道上自发形成的景观环境。文丘里概括地说："对艺术家来说，创新可能就意味着从旧的现存的东西中挑挑拣拣"。这成为后现代主义景观师的基本创作方法。到 20 世纪 70 年代，景观界反对和背离现代主义的倾向更加强烈。

对于什么是后现代主义？什么是后现代主义景观的主要特征？人们并没有一致的主张和理解。后现代主义没有明确的宣言和统一的设计风格。也没有一种固定的设计形式和统一的设计程序。美国景观师斯特恩提出后现代主义有三个特征：①采用装饰。②具有象征性或隐喻性。③与现有环境融合。后现代主义并不否定现代主义。它的基本结构特征是消除差异，表现为一种比较混杂折中的设计语言，用以改变现代主义单一贫乏的设计面貌。后现代主义从某种意义上讲，应该说是对现代主义的继承和发展，是更加关注与人的感性需求直接相关的设计形式，在一定程度上它排斥现代主义只重理性与结构，以及缺乏人性和多样性的设计形式，是对其进行的补充和发展。在形式问题上，后现代主义者搞的是新的折中主义和手法主义，是表面的东西。在景观表现形式方面突破了常规，其作品带有启发性。

后现代景观从 20 世纪 70 年代进入高潮，以这种设计形式构建的作品在世界各发达国家的城市中普遍出现，其中具有代表性的景观要数澳大利亚的悉尼歌剧院和法国的蓬皮杜文化艺术中心。悉尼歌剧院是丹麦设计师约伦·伍重（iron utzon）设计的。整个景观外观像一组形式感很强的雕塑，其创意灵感有的说来自于风帆，有的说来自于剥开的子的启示。整个景观由景观群组成，洁白的外装材料在大海和蓝天的衬托下亲切而壮观，景观群的最大特点是它的莲瓣形薄壳屋顶，俯瞰全岛，共有大小三组这样的结构，最大一组是音乐厅，其次是歌剧厅。在它的左侧，也是前一后三的结构，但规模略小。就设计形式而言，歌剧院独特的艺术形象及表现形式使它的个性非常突出、节奏感非常强。作为后现代景观的代表，它阐明了一种新的环境设计思想和表现方法。

法国蓬皮杜国家文化艺术中心，作为现代主义发展的产物，从另一角度显示出后现代景观多元性的特点，这件作品极力运用当代高科技手段，用夸张的表现形式和晚期现代空间表现的艺术手法，将原本隐匿的结构与构造有意显露，结合材料特性和质感塑造外观形象，这是以往景观所不曾有过的外观表现形式。设计师曾这样表述过自己的作品"这幢房屋既是一个灵活的容器，又是一个动态的交流机器。它是由高质量的材质制成，它的目标是要直截了当地贯穿传统文化艺术惯例的极限，而尽可能地吸引最多的群众"。在设计与表现形式上，景观师刻意把景观的内部结构充分暴露在景观的外观上，设备、设施都显露在景观外观上，是景观表现的一个创举。主立面布满了五颜六色的管道：红色代表交通系统、绿色代表供水系统、蓝色代表空调系统、黄色代表供电系统，背立面是交错的玻璃管道，内部是自动电梯。这种设计方法，完全打破了传统景观观念的束缚，把一个文化艺术设施变成了人们观念中的一座工厂，或一台机器的形象。这件作品发展了以结构形式、景观设备、材料质感、光影造型等为表现内容的美学法则，引起了巨大的争议，这件作品的创造，充分说明了多元化设计存在的必要性。

当代景观的主要特征是有意与传统决裂，追求新异的形态和技术美感的表现，寻求新的美感和秩序，是追求和探索的过程，也是社会进步和发展的必然。

西方现代景观设计的发展，为探索和确定新时期景观设计的审美观念，起到了奠定基础和推动探索的重要作用。现代城市景观设计要求既保护好文化遗产，又要传承好文化脉络。它要求城市的文化底蕴显现，不能只是在历史典籍中寻找，要充分体现在现存的古迹、景观、风土人情、自然遗产等方面的利用与保护之中。将城市中已经存在的内容最大限度地融入城市整体建设之中，使之成为现代化城市的有机内涵，尽可能把科学技术与现代文化和本土文化融合在一起。既不排除吸收外来文化，又要尽量挖掘本土文化的精华，加以提炼和继承，增强城市景观的文脉性，领悟地域文化的重要性。

第四节　生态景观艺术设计的要素

一、地形地貌

（一）概念

地形地貌是景观设计最基本的骨架，是其他要素的承载体。在景观设计中所谓的"地形"，实指测量学中地形的一部分——地貌，我们按照习惯称为地形地貌。简单地说，地形就是地球表面的外观。就风景区范围而言，地形包括以下较为复杂多样的类型，如山地、江河、森林、高山、盆地、丘陵、峡谷、高原以及平原等，这些地表类型一般称为"大地形"；从园林范围来讲，地形包含土丘、台地、斜坡、平地等，这些地表类型一般称为"小地形"；起伏较小的地形称为"微地形"；凸起的称为"凸地形"；凹陷的称为"凹地形"。

所以对原有地形的合理使用（利用或改造地形），在没有特殊需求的情况下，尽量保持原有场地，这样会减少土方工程，从而也就降低工程造价，使自然景观不被破坏，这也是对地形地貌的最佳使用原则。

（二）功能作用

地形地貌在景观设计中是不可或缺的要素，因为景观设计中的其他要素都在"地"上来完成，所以它扮演着较为重要的作用，体现在以下几方面：

1. 分隔空间

利用地形不同的组合方式来创造和分隔外部空间，使空间被分割成不同性质和不同功用的空间形态。空间的形成可通过对原基础平面进行土方挖掘，以降低原有地平面高度；或在原基础平面上增添土石等进行地面造型处理；或改变海拔高度构筑成平台或改变水平面，这些方法中的多数形式对构成凹面和凸地形都是非常有效的。

2. 控制视线

地形的变化对于人的视线有"通"和"障"的作用与影响，通过地形变化中空间走向的设计，人们的视线会沿着最小阻碍的方向通往开敞空间，对视线有"通"的引导作用与影响。利用填充垂直平面的方式，形成的地形变化能将视线导向某一特定区域，对某一固定方向的可视景物和可视范围产生影响，形成连续观赏或景观序列，可以完全封闭通向不悦景物的视线，为了能在环境中使视线停留在某一特殊焦点上，视线两侧的较高地面犹如视野屏障，封锁住分散的视线，起到"障"的作用，从而使视线集中到景物上。苏州拙政园入口处就利用了凸地形的作用来屏障人的视线，从而起到了欲扬先抑的作用。

3. 改善小气候

地形的凹凸变化对于气候有一定的影响。从大环境来讲，山体或丘陵对于采光和遮挡季风有很大的作用；从小环境来讲，人工设计的地形变化同样可以在一定程度上改善小气候。从采光方面来说，如果为了使某一区域能够受到阳光的直接照射，并使该区域温度升高，该区域就应使用朝南的坡向，反之使用朝北的坡向。从风的角度来讲，在做景观设计时要根据当地的季风来进行引导和阻挡，地形的变化，如凸面地形、地、土丘等，可以用来阻挡刮向某一场所的季风，使小环境所受的影响降低。在做景观设计时，要根据当地的季风特征来进行引导和阻挡。

4. 美学功能

地形的形态变化对人的情感生成有直接的影响。地形在设计中可以被当作布局和视觉要素来使用。在现代景观设计中，利用地形变化表现其美学思想和审美情趣的案例很多。凸地形、凹地形、微地形，不同的地形给人以不同视觉感受，同时产生审美功能。

（三）地形地貌的设计原则

地形地貌的处理在景观规划设计中占有主要的地位，也是最为基础的，即地形地貌地处理好坏直接关系到景观规划设计的成功与否。所以我们在理解了地形地貌在景观规划设计中的功能作用基础上，应了解地形地貌的设计原则。

地形设计的一个重要原则是因地制宜，巧妙利用原有的地形进行规划设计，充分利用原有的丘陵、山地、湖泊、林地等自然景观，并结合基地调查和分析的结果，合理安排各种用地坡度的要求，使之与基地地形条件相吻合。如亭台楼阁等景观多需高地平坦地形；水体用地需要凹地形；园路用地则要随山就势。正如《园冶》所论："高方欲就亭台、低凹可开池沼"。利用现状地形稍加改造即成自然景观。另外地形处理必须与景园景观相协调，以淡化人工景观与环境的界限，使景观、地形、水体与绿化景观融为一体。如苏州拙政园梧竹幽居景点的地形处理非常巧妙。

二、植物

景观设计中的唯一具有生命的要素，那就是植物，这也是区别其他要素的最大特征，这不仅体现在植物的一年四季的生长，还体现在季节的更替、季相的变化等。所以植物是一种宝贵的财富，合理地开发、利用和保护植物是当前的主要问题。

（一）植物的作用

1. 生态效益

植物是保护生态平衡的主要物质环境，它既能给国家带来长远的经济效益，又会给国家带来良好的自然环境。植被在景观生态中发挥的作用非常明显，可以改善城市气候、调节气温、吸附污染粉尘、降音减噪、保护土壤和涵养水源，夏天免受阳光的暴晒，冬天，阳光能透过枝干给予人们冬天里的一点温暖。植物叶片表面水分的蒸发和光合作用能降低周围空气的温度，并增加空气湿度。在我国西北地区风沙较大，常用植物屏障来阻挡风沙的侵袭，作为风道又可以引导夏季的主导风。具有深根系的植物、灌木和地被等植物可作为护坡的自然材料，保持水土不被破坏。在不同的环境条件下，选择相应的植物使其生态效益最大化。

2. 造景元素

植被通过合理配置用于造景设计，给人们提供陶冶精神、修身养性、休闲的场所。植物材料可作为主景和背景。主景可以是孤植，也可以丛植，但无论怎样种植，都要注重其作为主体景观的姿态。作为背景材料时，应根据它衬托的景观材质、尺度、形式、质感、图案和色彩等决定背景材料的种类、高度和株行间距，以保证前后景之间既有整体感又有一定的对比和衬托，从而达到和谐统一。另外植物本身还有季相变化，用植物陪衬其他造园题材，如地形、山石、水系、景观等，构建有春夏秋冬四时之景，能产生生机盎然的画面效果。

3. 引导和遮挡视线

引导和遮挡视线是利用植物材料创造一定的视线条件来增强空间感、提高视觉空间序列质量。视线的引与导实际上又可看作为景物的藏与露。根据构景的方式可分为借景、对景、漏景、夹景、障景及框景几种情况，起到"佳则收之，俗则屏之"的作用。

4.其他作用

植物材料除了具有上述的一些作用外，还具有柔化景观生硬呆板的线条，丰富景观外观的艺术效果，并作为景观空间向景观空间延伸的一种形式。对于街角、路两侧不规则的小块地，用植物材料来填充最为适合。充分利用植物的"可塑性"，形成规则和不规则、或高或低变化丰富的各种形状，表现各种不同的景观趣味，同时还增加了环境效益。

（二）植物配置形式

植物配置是根据植物的生物学特性，运用乔木、灌木、藤本及草本植物等材料，通过科学和艺术手法加以搭配，充分发挥植物本身的大小、形体、线条、色彩、质感和季相变化等自然美。植物配置按平面形式分为规则式和不规则式两种，按植株数量分为孤植、丛植、群植几种形式。

1.按平面形式

（1）规则式。适用于纪念性区域、入口、景观物前、道路两旁等区域，以衬托严谨肃穆整齐的气氛。规则式种植一般有对植和列植。对植一般在景观物前或入口处，如柏、侧柏、雪松、大叶黄杨、冬青等；列植主要用于行道树或绿篱种植形式。行道树一般选用树冠整齐、冠幅较大、树姿优美、抗逆性强的，如悬铃木、马褂木、七叶树、银杏、香樟、广玉兰、合欢、树、榆、松、杨等树种；绿篱或绿墙一般选常绿、萌芽力强、耐修剪、生长缓慢、叶小的树种。

（2）不规则式。又称为自然式，这种配置方式是按照自然植被的分布特点进行植物配置，体现植物群落的自然演变特征。在视觉上有疏有密，有高有低，有遮有敞，植物景观呈现出自然状态，无明显的轴线关系，主要体现的是一种自由、浪漫、松弛之美感。植物景观非常丰富，有开阔的草坪、花丛、灌丛、遮阴大树、色彩斑的各类花灌木，游人散步可经过大草坪，也可在林下小憩或穿行在花丛中赏花。因此，可观赏性高，季相特征十分突出，真正达到"虽由人作，宛自天开"的效果。

2.按植株数量

（1）孤植。常选用具有体形高大雄伟、姿态优美、冠大浓荫、花大色艳芳香、树干奇特或花果繁茂等特征的树木个体，如银杏、枫树、雪松、梧桐等。孤植树多植于视线的焦点处或宽阔的草坪上、庭园内、水岸旁、景观物入口及休息广场的中部位置等，引导人们的视线。

（2）丛植。树木较多，少则三五株，多则二三十株，树种既可相同也可不同。为了加强和体现植物某一特征的优势，常采用同种树木丛植来体现群体效果。当用不同种类的植物组合时，要考虑生态习性、种间关系、叶色和视觉等方面的内容，如喜光宜在上层或南面，耐阴种类植于林下或栽种在群体的北面。丛植常用于公园、街心小花园、绿化带等处。

（3）群植。自然布置的人工栽培模拟群落。一般用于较大的景观中，较大数量的树木按一定的构图方式栽在一起，可由单层同种组成，也可由多层混合组成。多层混合的群体在设计时也应考虑种间的生态关系，最好参照当地自然植物群落结构，因为那是经过大自然法则而存留下来的。另外，整个植物群体的造型效果、季相色彩变化和疏密变化等也都是群植设计中应考虑的内容。

以上所述的植物配置形式，往往不是孤立使用的。在实践中，只有根据具体情况，由多种方法配合运用，才能达到理想效果。

（三）植物配置原则

1. 多样化

多样化的一层含义是植物种类的多样化，增加植物种类能够提高城市园林生态系统的稳定性，减少养护成本与使用化学药剂对环境的危害，同时涵盖足够多的科属，有观花的、观叶的、观果的和观干的等植物，将它们合理配置，体现明显的季节性，达到春花、夏荫、秋色、冬姿，从而满足不同感官欣赏的需求。另一层意思是园林布局手法的丰富多彩以及植物种植方式的变化。如垂直绿化、屋顶花园绿化等，不仅能增加景观物的艺术效果，更加整洁美观，而且占地少、见效快，对增加绿化面积有明显的作用。

2. 层次化

层次化是充分发挥园林植物作用的客观要求，是指植物种植要有层次、有错落、有联系，要考虑植物的高度、形状、枝叶茂密程度等，使植物高低错落有致，乔木、灌木、藤本、地被、花卉、草坪配置有序，常绿植物、落叶植物合理搭配，不同花期的种类分层配置，不同的叶色、花色，不同高度的植物搭配，使色彩和层次更加丰富。

3. 乡土化

乡土化是植物配置的基础。乡土化一方面是指树种乡土化，另一方面是景观设计体现乡土特色。乡土树种是指本地区原产的或经过长期栽培已经证明特别适应本地区生长环境的树种，能形成较稳定的具有地方特色的植物景观。乡土化就是以它们为骨干树种，通过乡土植物造景反映地方季相变化，重要的是管理方便、养护费用低。乡土化使每个城市都有自己特别适合的树种或景观风格，如果各地都一阵风建大草坪、大广场，那城市的特点就没了，给人以千篇一律的面貌。因此，乡土化就是因地制宜、适地适树、突出个性，合理选择相应的植物，使各种不同习性的景观植物，与之生长的土地环境条件相适应，这样才能使绿地内选用的多种景观植物，正常健康地生长，形成生机盎然的景观效果。

4. 生态化

城市景观设计生态化的目的是为了改善生态环境、美化生态环境，增进人民身心健康。所以如何在有限的城市绿地面积内选用更能改善城市生态环境的植物和种植方式？是植物配置中必须考虑的问题。随着城市生态景观建设的不断深入，应用植物所营造的景观应该既是视觉上的艺术景观，也是生态上的科学景观。首先城市景观应以树木为主，不能盲目种大面积的草坪，因为树木生态效益的发挥要比草坪高得多，再就是草坪后期养护费用高。其次城市景观绿化在植物的选择上要做到科学搭配，尽量减少形成单一植物种类的群落，注意常绿和落叶树种的搭配，使具有不同生物特性的植物各得其所。

综上所述，在进行植物配置时，综合以上几个原则，做到在空间处理上植物种类的搭配应高低错落，结构上协调有序，充分展示其三维空间景观的丰富多彩性，达到春季繁花似锦、夏季绿树成荫、秋季硕果累累、冬季银装素裹。

三、主次林荫道

林荫道在传统城市规划里充当着非常重要的角色，它不仅具有吸尘、隔音、净化空气、遮阳、抗风等作用，而且林荫道自身的形态空间也是一条美丽的风景线，它两边对称的植物所形成的强烈的透视效果具有戏剧性的美感与特色。对于林荫道的设计，最重要的一点就是不同区段的变化，而且每个区段要体现自身的特点，如色彩、密度、质感、形态、高低错落等，都要予以充分的重视，以充分体现景观内含。

四、道路铺装

道路不仅是联系各区域的交通路径，而且通过不同形式的铺装使道路在景观世界里也起到增添美感的作用。道路的铺装不仅给人以美观享受，还有交通视线引导作用（包括人流、车流），而且蕴含着丰富的文化艺术功能，如使用"鹿""松""鹤""荷花"象征长寿、富贵等吉祥的图案，在中国古典园林中的铺装中寓意表现极为丰富。因此设计者应该根据场地类型、功能需求和使用者的喜好等因素来考虑使用哪一种铺装形式。所以要做好铺装设计首先要了解铺装的作用和它的形式等内容。

（一）道路铺装作用

人们的户外生活是以道路为依托展开的，所以地面铺装与人的关系最为密切，它所构成的交通与活动环境是城市环境系统中的重要内容，道路铺装景观也就具有交通功能和环境艺术功能。最基本的交通功能可以通过特殊的色彩、质感和构形加强路面的可辨识性、分区性、引导性、限速性和方向性等。如斑马线、减速带等。环境艺术功能通过铺装的强烈视觉效果起着提供划分空间、联系景观以及装饰美化景观等作用，使人们产生独特的激情感受，满足人们对美感的深层次心理需求，营造适宜人的气氛，使街路空间更具人情味与情趣，吸引人们驻足进行各种公共活动，从而使街路空间成为人们利用率较高的城市高质量生活空间。

（二）铺装表现形式要素

景观设计中铺装材料很多，但都要通过色彩、纹样、质感、尺度和形状等几个要素的组合产生变化，根据环境不同，可以表现出风格各异的形式，从而造就了变化丰富、形式多样的铺装，给人以美的享受。

1.色彩

色彩是心灵表现的一种手段，一般认为暖色调表现热烈、兴奋，冷色调表现为素雅、幽静。明快的色调给人清新愉悦之感，灰暗的色调则给人沉稳宁静之感。因此在铺装设计中有意识地利用色彩变化，可以丰富和加强空间的气氛。如儿童游乐场可用色彩鲜艳的铺装材料，符合儿童的心理需求。另外在铺装上要选取具有地域特性的色彩，这样才可充分表现出景观的地方特色。

2. 纹样

在铺装设计中，纹样起着装饰路面的作用，以它多种多样的图案纹样来增加景观特色。

3. 质感

质感是由于人通过视觉和触觉而感受到的材料质感。铺装的美，在很大程度上要依靠材料质感的美来体现。这样不同的质感创造了不同美的效应。

五、水景设计

水具有流动、柔美、纯净的特征，成为很好的景观构成要素。"青山不改千年画，绿水长流万古诗"道出了水体景观的妙处。水有较好的可塑性，在环境中的适应性很强，无论春、夏、秋、冬均可自成一景。水是所有景观设计元素中最具独特吸引力的一种，它带来动的喧嚣、静的平和、韵致无穷的倒影。

（一）水体的形态

水景设计中水有"静水""动水""跌水""喷水"四种基本形式。静态的水景，平静、幽静、凝重，其水态有湖、池、潭、塘及流动缓慢的河流等。动态的水景，明快、活泼、多彩、多姿，多以声为主，形态也丰富多样、形声兼备；动态水景的水态有喷泉、瀑布、叠水、水帘、溢流、溪流、壁泉、泄流、间歇流、水涛，还有各色各样的音乐喷泉等。

水在起到美化作用的同时，通过各种设计手法和不同的组合方式，如静水、动水、跌水、喷水等不同的设计，把水的精神表达出来，给人以良好的心理享受和变幻丰富的视觉效果。加之人具有天生的亲水性，所以水景设计常常成为环境设计中的视觉焦点和活动中心。

（二）理水的手法

1. 景观性

水体本身就具有优美的景观性，无色透明的水体可根据天空、周围景色的改变而改变，展现出无穷的色彩；水面可以平静而悄无声息，也可以在风等外力条件下变化异常，静时展现水体柔美、纯净的一面，动时发挥流动的特质；再通过选用与水体景观相匹配的树种，会创造出更好的景观效果。

2. 生态性

水景的设置，一定要遵循生态化原则，即首先要认清自然提供给我们什么？又能帮助我们什么，我们又该如何利用现有资源而不破坏自然的本色。比如还原水体的原始状态，发挥水体的自净能力，做到水资源的可持续利用，达到与自然的和谐统一，体现人类都市景观与自然环境的相辅交融。

3. 文化性

首先要明确水景是公众文化，是游人观赏、休闲和亲近自然的场所。所以要尽量使人们在欣赏、放松的同时，真正体会到景观文化的重要性，进而达到人们热爱自然、亲近自然、欣赏自然的目的。水景设计应避免盲目的模仿、抄袭和缺乏个性的做法。要体现地方特色，从文化出发，突出地区自身的景观文化内涵。

4. 艺术性

不同的水体形态具有不同的意境，通过模拟自然水体形态，如跌水，在阶梯形的石阶上，水泄流而下；瀑布，在一定高度的山石上，水似珠帘、成瀑布而落；喷泉，在一块假山石上，泉水喷涌而出等水景，从而创造出"亭台楼阁、小桥流水、鸟语花香"的意境。另外可以利用水面产生倒影，当水面波动时，会出现扭曲的倒影，水面静止时则出现宁静的倒影，水面产生的倒影，增加了园景的层次感和景物构图艺术完美性。如苏州的拙政园小飞虹，设计者把水的倒影利用得淋漓尽致。

（三）水景设计应注意的问题

1. 与景观物、石头、雕塑、植物、灯光照明或其他艺术品组合相搭配，会起到出人意料的理想效果。

2. 水容易产生渗漏现象，所以要考虑防水、防潮层、地面排水的处理设计。

3. 水景要有良好的自动循环系统，这样才不会成为死水，从而避免视觉污染和环境污染。

4. 对池底的设计一般容易忽略。池底所选用的材料、颜色根据水深浅不同会直接影响到观赏的效果，所产生的景观也会随之变化。

5. 注意管线和设施的隐蔽性设计，如果显露在外，应与整体景观搭配。寒冷地区还要考虑结冰造成的问题。

6. 安全性也是不容忽视的。要注意水电管线不能外漏，以免发生意外。再有就是根据功能和景观的需求控制好水的深度。

第五节　生态现代景观艺术设计观

现代景观的设计观是景观设计中的一种指导思想或设计思路，通过设计观的运用，将主观上想要达到的一种效果客观地体现在设计场地中，以便形成各种合理的、舒适的、个性的、对立统一的、有文化底蕴的、给人以美感的空间环境。现代景观的设计必须遵循下列设计观。

一、人性设计观

现代景观设计的最终目的是要为人创造良好的生活和居住环境，所以景观设计的焦点应是人，这个"人"具有特殊的属性，不是物理、生理学意义的人，而是社会的人，有着物理层次的需求和心理层次的需求，这也是马斯洛理论提出的。因此人性设计观是景观设计最基本的原则，它会最大限度地适应人的行为方式，满足人的情感需求，使人感到舒适。

这是人的基本需要，包括生理和安全需要。设计时要根据使用者的年龄、文化层次和喜好等自然特征，如老年人喜静、儿童好动来划分功能区，以满足使用者不同的需求。人性设计观体现在设计细节上更为突出，如踏步、栏杆、坡道、座椅、人行道等的尺度问题，材质的选择等是否满足人的物理层次的需求。近年来，无障碍设计得到广泛使用，如广场、公园等公共场所的入口处都设置了方便残疾人的轮椅车上下行走及盲人行走的坡道。但目前我国景观设计在这方面仍不够成熟，如一些公共场所的主入口没有设坡道，这样对残疾人来说，极其不方便，要绕道而行，更有甚者就没有设置坡道，这也就更无从谈起人性化设计观了。另外，在北方景观设计中，供人使用的户外设施材质的选择要做到冬暖夏凉，这样才不会失去设置的意义。

二、生态设计观

随着高科技的发展，全球生态环境日益被破坏，人类要想生存，必然要重视它所带来的后果，怎样使对环境的破坏影响降到最小，成为景观设计师当前最为重要的工作。生态设计观是直接关系到环境景观质量的非常重要的一个方面，是创造更好的环境、更高质量和更安全的景观的有效途径。但现阶段在景观设计领域内，生态设计的理论和方法还不够成熟，一提到生态，就认为是绿化率达到多少，实际上不仅仅是绿化，尊重地域自然地理特征和节约与保护资源都是生态设计观的体现。另外也不是绿化率高了，生态效益就高了那么简单。现在有些城市为了达到绿化率指标，见效快，大面积铺设草坪，这不仅耗资巨大，养护成本费用高，而且生态效益要远比种树小得多。所以要提高景观环境质量，在做景观设计时就要把生态学原理作为其生态设计观的理论基础，尊重物种多样性，减少对资源的掠夺，保持营养和水循环，维持植物生境和动物栖息地的质量，把这些融会到景观设计的每一个环节中去，才能达到生态最大化。

三、创新设计观

创新设计观是在满足人性设计观和生态设计观基础上，对设计者提出的更高要求。它需要设计者的思维开阔，不拘泥于现有的景观形式，敢于提出并融入自己的思想，充分体现地域文化特色，提高审美需求，进而避免了"千城一面""曾经在哪儿见过"的景观现象。在我们的景观设计中要想做到这点，就必须在设计中有创新性。如道路景观设计，各个城市都是千篇一律的模式，没有地方性。越是这种简单的设计，创新越难，所以也就对设计者提出了更严峻的考验。这就要求设计者具有独特性、灵活性、敏感性、发散性的创新思维，从新方式、新方向、新角度来处理某种事物，所以创新思维常会给人们带来崭新的思考，崭新的观点和意想不到的结果，从而使景观设计呈现多元化的创新局面。

四、艺术设计观

艺术设计观是景观设计中更高层次的追求，它的加入，使景观相对丰富多彩，也体现出了对称与均衡、对比与统一、比例与尺度、节奏与韵律等艺术特征。如抽象的园林小品、雕塑耐人寻味；有特色的铺装令人驻足观望；新材料的使用会引起人们观赏的兴趣。所以通过艺术设计，可以使功能性设施艺术化。如景观设计中的休息设施，从功能的角度讲，其作用就在于为人提供休息方便，而从艺术设计的角度，它已不仅仅具有使用功能，通过它的造型、材料等特性赋予艺术形式，从而为景观空间增加文化艺术内涵。再如不同类型的景观雕塑，抽象的、具象的，人物的、动物的等都为景观空间增添了艺术元素。这些都是艺术设计观的很好应用，对于我们现代景观设计师来说应积极主动地将艺术观念和艺术语言运用到我们的景观设计中去，在景观设计艺术中发挥它应有的作用。

第六节　生态景观设计

一、景观设计在西方的发展背景

西方传统景观设计主要源自文艺复兴时期的设计原则和模式，其特点是将人置于所有景观元素的中心和统治地位。景观设计与城市规划一样，遵循对称、重复、韵律、节奏等形式美的原则，植物的造型、景观的布局、道路的形态等都严格设计成符合数学规律的几何造型，往往给人以宏伟、严谨、秩序等视觉和心理感受。

从18世纪中叶开始，西方园林景观营建的形式和范畴发生了很大变化。首先是英国在30年代出现了非几何式的自然景观园林，这种形式随后逐渐传播到欧洲其他国家以及美洲、南非、大洋洲等地。到20世纪70年代以后，欧洲从美洲、南非、印度、中国、日本、大洋洲等地引进植物，通过育种为造园提供了丰富多彩的植物品种。这不仅有助于园林景观提炼并艺术地再现美好的自然景观；同时也使园林景观设计工作由景观师主持转变为由园艺师主导。

19世纪中叶，英国建起了第一座有公园、绿地、体育场和儿童游戏场的新城镇。1872年，美国建立了占地面积7700多平方公里的黄石国家公园，此后，在许多国家都出现了保护大面积自然景观的国家公园，标志着人类对待自然景观的态度进入了一个新的阶段。20世纪初，人们对城市公害的认识日益加深。在欧美的城市规划中，园林景观的概念扩展到整个城市及其外围绿地系统，园林景观设计的内容也从造园扩展到城市系统的绿化建设。20世纪中叶以来，人类与自然环境的矛盾日益加深，人们开始认识到人类与自然和谐共处的必要性和迫切性，于是生态景观设计与规划的理论与实践逐渐发展起来。

二、景观设计在中国的发展背景

中国的传统景观设计称为造园，具有悠久的历史。最早的园林是皇家园囿，一般规模宏大，占地动辄数百顷，景观多取自自然，并专供帝王游乐狩猎之用，历代皆有建造，延续数千年，直至清朝末期。唐宋时期，受到文人诗画之风的影响，一些私家庭院和园林逐渐成为士大夫寄情山水之所。文人的审美取向，使美妙、幽、雅、洁、秀、静、逸、超等抽象概念成为此类园林的主要造园思想。

无论是皇家园囿，还是私家园林，中国传统造园一贯崇尚"天人合一""因地制宜"和"道法自然"等理念，将自然置于景观设计的中心和主导地位，设计中提倡利用山石、水泉、花木、屋宇和小品等要素，因地制宜地创造出既反映自然环境之优美，又体现人文情趣之神妙的园林景观。在具体操作中，往往取高者为山、低者为池、依山筑亭、临水建榭，取自然之趋势，再配置廊房、植花木、点山石、组织园径。在景观设计中，讲究采用借景、对景、夹景、框景、漏景、障景、抑景、装景、添景、补景等多样的景观处理手法，创造出既自然生动又宜人冶性的景观环境。

三、生态景观设计的概念

随着可持续发展概念得到广泛认同，东方传统景观充分理解和尊重自然的设计理念，得到景观设计界更多的认可、借鉴和应用。与此同时，西方当代环境生态领域研究的不断深入和新技术、新方法的不断出现，进一步使"生态景观设计"成为当代景观设计新的重要方向，并在实践中得到越来越多的应用。

传统景观设计的主要内容都是环境要素的视觉质量，而"生态景观设计"是兼顾环境视觉质量和生态效果的综合设计。其操作要素与传统景观设计类似，但设计中既要考虑当地水体、气候、地形、地貌、植物、野生动物等较大范围的环境现状和条件，也要兼顾场地日照、通风、地形、地貌、降雨和排水模式、现有植物和场地特征等具体条件和需求。

四、生态景观设计的基本原则

生态景观设计在一般景观设计原则和处理手法的基础上，应该特别注意以下两项基本原则：

（一）适应场地生态特征

生态景观设计区别于普通设计的关键在于，其设计必须基于场地自然环境和生态系统的基本特征，包括土壤条件、气象条件（风向、风力、温度、湿度等）、现有动植物物种和分布现状等。例如，如果场地为坡地，其南坡一般较热且干旱，需要种植耐旱植物；而北坡一般比较凉爽，相对湿度也大一些，因此，可选择的景观植物种类要多一些。另外，开敞而多风的场地比相对封闭的场地需要更加耐旱的植物。

（二）提升场地生态效应

生态景观设计强调通过保护和逐步改善既有环境，创造出人与自然协调共生的并且满足生态可持续发展要求的景观环境。包括维护和促进场地中的生物多样性、改善场地现有气候条件等。例如，生态环境的健康发展，要求环境中的生物必须多样化。在生态绿化设计中可采用多层次立体绿化，以及选用诱鸟诱蝶类植物丰富环境的生物种类。

五、生态景观设计的常用方法

（一）对土壤进行监测和养护

生态景观设计之前要测试土壤营养成分和有机物构成，并对那些被破坏或污染的土壤进行必要的修复。城市中的土壤往往过于密实，有机物含量很少。为了植物的健康生长，需要对其根部土壤进行覆盖养护以减少水分蒸发和雨水流失，同时应长期对根部土壤施加复合肥料（每年至少 1 次）。据研究，对植物根部土壤进行覆盖，与不采取此项措施的景观种植区相比，可以减少灌溉用水量 75-90%。

（二）采用本地植物

生态景观中的植物应当尽量采用本地物种，尤其是耐旱并且抗病虫害能力较强的植物。这样做既可以减少对灌溉用水的需求，减少对杀虫剂和除草剂的使用，减少人工维护的工作量和费用，还可以使植物自然地与本地生态系统融合共生，避免由于引进外来物种带来对本地生态系统的不利影响。

（三）采用复合植物配置

城市中的生态景观设计一般采用乔木——草坪；乔木—灌木——草坪；灌木——草坪；灌木——绿地——草坪；乔木——灌木——绿地——草坪等几种形式。据北京园林研究所的研究，生态效益最佳的形式是乔木——灌木——绿地——草坪，而且得出其最适合的种植比例约为 1（以株计算）：：6（以株计算）：21（以面积计算）：29（以面积计算）。

（四）收集和利用雨水

生态景观中的硬质地面应尽可能采用可渗透的铺装材料，即透水地面，以便将雨水通过自然渗透送回地下。目前，我国城市大多采用完全不透水的（混凝土或面砖等）硬质地面作为道路和广场铺面，雨水必须全部由城市管网排走。这一方面造成了城市排水系统等基础设施的负担，在暴雨季节还可能造成城市内涝；另一方面，由于雨水不能按照自然过程回渗到地下，补充地下水，往往会造成或加剧城市地下水资源短缺的现象；此外，大面积硬质铺地在很大程度上反射太阳辐射热，从而加剧了"城市热岛"现象。因此，在城市生态景观设计中，一般提倡采用透水地面，使雨水自然地渗入地下，或主动收集起来加以合理利用。

当然，收集和利用雨水的方法可以是多种多样的。例如，在采用不透水硬质铺面的人行道和停车场中，可以通过地面坡度的设计将雨水自然导向植物种植区。

悉尼某居住区停车场和道路的设计，雨水自然流向种植区，景观植物采用当地耐旱物种。当采用透水地面或在硬质铺装的间隙种植景观植物时，要注意为这些植物提供足够的连续土壤面积，以保证其根部的正常生长。景观屋顶可以用于收集雨水，雨水顺管而下，既可用于浇灌植物，也可用于补充景观用水，还可引入湿地或卵石滩，使之自然渗入地下（在这个过程中，水受到植物根茎和微生物的净化）补充地下水。雨水较多时，则需要将其收集到较大的水池或水沟，其容积视当地年降雨量而定。水沟或水池的堤岸，可以采用接近自然的设计，为本地植物提供自然的生长环境。当雨水流过这个区域时，既灌溉了植被，又涵养了水源，还自然地形成了各类不同的植物群落景观。这是自然形成的景观，也是围护及管理费用最低的景观。德国某市政厅景观设计，雨水引入水道，两侧种植本地植物，形成自然景观。

（五）采用节水技术

生态景观的设计和维护注重采用节水措施和技术。草比灌木和乔木对水的需求相对较大，而所产生的生态效应却相对较小，因此，在生态景观设计中，提倡尽量减少对大面积草坪的使用。在景观维护中，提倡通过高效率滴灌系统将经过计算的水量直接送入植物根部。这样做可以减少50%-70%的用水量。草地上最好采用小容量、小角度的洒水喷头。对草、灌木和乔木应该分别供水，对每种植物的供水间隔宜适当加长，以促进植物根部扎向土壤深部。要避免在干旱期施肥或剪枝，因为这样会促进植物生长，增加对水的需求。另外，可以采用经过净化处理的中水，作为景观植物的灌溉用水。

根据美国圣·莫尼卡市（City of Santa Monica）的经验，采用耐旱植物，减少草坪面积和采用滴灌技术三项措施，使该地区景观灌溉用水减少50%-70%，并使该地区用水总量减少20%-25%。通过控制地面雨水的流向以及减少非渗透地面的百分比，既灌溉了植物，又通过植物净化了雨水，还使雨水自然回渗到土壤中，满足了补充地下水的需要。

（六）利用废弃材料

利用废弃材料建成景观小品，既可以节省运走、处理废料的费用，也省去了购买原材料的费用，一举数得。

六、生态景观设计的作用

生态景观设计注重保护和提升场地生态环境质量，生态景观的实施，能够产生广泛的环境效益，包括改进景观周围微气候环境、减少景观制冷能耗、提高景观室内外舒适度、提高外部空间感染力、为野生动物提供栖息地，以及在可能的情况下兼顾食果蔬菜生产等。

（一）提高空气质量

植物可以吸收空气中的二氧化碳等废气和有害气体，同时放出氧气并过滤空气中的灰尘和其他悬浮颗粒，从而改善当地空气质量。景观公园和林荫大道等为城市和社区提供一个个"绿肺"。

（二）改善景观热环境

将阔叶落叶乔木种植在景观南面、东南面和西南面，可以在夏季吸收和减少景观的太阳辐射得热，降低空气温度和景观物表面温度，从而减少夏季制冷能耗；同时在冬季树木落叶后，又不影响景观获得太阳辐射热。为了提高夏季遮阳和降温效果，还可以将高低不同的乔木和灌木分成几层种植，同时在需要遮阳的门窗上方设置植物藤架和隔栅，使之与墙面之间留有30-90cm的水平距离，从而通过空气流动进一步带走景观的热量。

景观的建造过程会破坏场地原有自然植物系统，建造的硬质屋顶或地面不能吸收雨水还反射太阳辐射热，并加剧城市的热岛效应。如果改为种植屋顶和进行地面绿化，则不仅可以在增加绿化面积，提高空气质量和景观效果，还能为其下部提供良好的隔热保温和紫外线防护。屋顶种植应选择适合屋顶环境的草本植物，借助风、鸟、虫等自然途径传播种子。

（三）调控自然风

植物可以影响气流的速度和方向，起到调控自然风的作用。通过生态景观设计既可以引导自然风进入景观内部，促进景观通风，也可以防止寒风和强风对景观内外环境的不利影响。

导风：根据当地主导风的朝向和类型，可以巧妙利用大树、篱笆、灌木、藤架等将自然风导向景观的一侧（进风口）形成高压区，并在景观的另一侧（排风口）形成低压区，从而促进景观自然通风。为了捕捉和引导自然风进入景观内部，还可以在景观紧邻进风口下风向一侧种植茂密的植物或在进风口上部设置植物藤架，从而在其周围形成正压区，以利于景观进风。当景观排风口在主导风方向的侧面时，可以在紧邻出风口上风向一侧种植灌木等枝叶茂密的植物，从而在排风口附近形成低压区，促进景观自然通风。在景观底部接近入口和庭院等位置密集种植乔木、灌木或藤类植物有助于驱散或引开较强的下旋气流。在景观的边角部位密植多层植物有助于驱散景观物周围较大范围的强风。多层植物还可以排列成漏斗状，将风引导到所需要的方向。

防风：与主导风向垂直布置的防风林，可以减缓、引导和调控场地上的自然风。防风林的作用取决于其规模、密度以及其整体走向相对主导风方向的角度。为了形成一定的挡风面，防风林的长度一般应该是成熟树木高度的 10 倍以上。如果要给景观挡风，树木和景观之间的距离应该小于树木的高度。如果要为室外开放空间挡风，防风林则应该垂直于主导风的方向种植，树后所能遮挡的场地进深，一般为防风林高度的 3-5 倍（例如，10m 高的防风林可以有效降低其后部 30-50m 范围内的风速）。还应该允许 15%-30% 的气流通过防风林，从而减少或避免在防风林后部产生下旋涡流。

应当注意的是，通过植物引风只是促进自然通风的一种辅助手段，它必须与场地规划和景观朝向布置等设计策略结合起来，才能更好地达到景观自然通风的效果。另外，城市环境中的气流状态往往复杂而紊乱，一般需要借助风洞试验或计算机模拟来确定通风设计的有效性。最后，无论是导风还是防风，都应当在景观或场地的初步设计阶段就做出综合考虑。

（四）促进城市居民身心健康

生态景观可以兼顾果蔬生产，为城市提供新鲜的有机食物。物种丰富的城市生态景观，尤其是水塘、溪流、喷泉等近水环境，既可以帮助在城市中上班的人群放松身心，提高其精神生活质量，又可以成为退休老人休闲、健身的场所，还可以成为儿童游戏和体验的乐园，因此有利于从整体上促进城市居民的身心健康。

（五）为野生动物提供食物和遮蔽所

生态景观设计比传统景观设计的效果更加接近自然，通过生态景观设计可以在一定程度上创造在城市发展中曾经失去的自然环境。将城市生态景观和郊区的开放空间连成网络，可以为野生动物提供生态走廊。

为了使城市景观环境更适合野生动物的生存，要选择那些能产生种子、坚果和水果的本地植物，以便为野生动物提供一年四季的食物。还要了解在当地栖息的鸟的种类和习性，并为其设计适宜的生存环境。在景观维护过程中，要对土壤定期覆盖和施肥，使土壤中维持足够的昆虫和有机物；同时要保持土壤湿度，刺激土壤中微生物的生长，保持土壤中蛋白质的循环。生态景区还应该为鸟类设计饮水池，水不必太深，可以置于开放空间，岸边地面可以采用粗糙质地的缓坡，以利于鸟类接近或逃离水池。景观植物的搭配应该有高大树冠的乔木、中等高度的灌木以及地表植物，供鸟类筑巢繁殖、嬉戏躲避和采集食物等。生态景区应尽量不使用杀虫剂、除草剂和化肥，而是允许植物的落叶以及成熟落地的种子和果实等自然腐烂，从而为土壤中的昆虫等提供足够的营养，也为其他野生动物提供更加自然的栖息环境。

第七节　生态景观规划

一、生态景观规划的概念

生态景观规划是在一个相对宏观的尺度上，为居住在自然系统中的人们所提供的物质空间规划，其总体目标是通过对土地和自然资源的保护及利用规划，实现景观及其所依附的生态系统的可持续发展。生态景观规划必须基于生态学理论和知识进行。可以说，生态学与景观规划有许多共同关心的问题，如对自然资源的保护和可持续利用，但生态学更关心分析问题，而景观规划则更关心解决问题，将两者相结合的生态景观规划是景观规划走向可持续的必由之路。

二、生态景观规划的基本语言

斑块（patch）、廊道（corridor）和基质（matrix）是景观生态学用来解释景观结构的一种通俗、简明和可操作的基本模式语言，适用于荒漠、森林、农业、草原、郊区和建成区景观等各类景观。斑块是指与周围环境在性质上或外观上不同的相对均质的非线性区域。在城市研究中，在不同的尺度下，可以将整个城市建成区或者一片居住区看成一个斑块。景观生态学认为，圆形斑块在自然资源保护方面具有最高的效率；而卷曲斑块在强化斑块与基质之间的联系上具有最高的效率。廊道是指线型的景观要素，指不同于两侧相邻土地的一种特殊的带状区域。在城市研究中，可以将廊道分为：蓝道（河流廊道）、绿道（绿化廊道）和灰道（道路和景观廊道）。基质是指景观要素中的背景生态系统或土地利用类型，具有占地面积大、连接度高，以及对景观动态具有重要控制作用等特征，是景观中最广泛连通的部分。如果我们将城市建成区看成一个斑块的话，其周围和内部广泛存在的自然元素就是其基质。

景观生态学运用以上语言，探讨地球表面的景观是怎样由斑块、廊道和基质所构成的，定量、定性地描述这些基本景观元素的形状、大小、数目和空间关系，以及这些空间属性对景观中的运动和生态流有什么影响。如方形斑块和圆形斑块分别对物种多样性和物种构成有什么不同影响，大斑块和小斑块各有什么生态学利弊。弯曲的、直线的、连续的或是间断的廊道对物种运动和物质流动有什么不同影响。不同的基质纹理（细密或粗散）对动物的运动和空间扩散的干扰有什么影响等。并围绕以上问题，提出：①关于斑块的原理（探讨斑块尺度、数目、形状、位置等与景观生态过程的关系）；②关于廊道的原理（探讨廊道的连续性、数目、构成、宽度及与景观生态过程的关系）；③关于基质的原理（探讨景观基质的异质性、质地的粗细与景观阻力和景观生态过程的关系等）；④关于景观总体格局的原理等。这些原理为当代生态景观规划提供了重要依据。

三、城市景观的构成要素

城市景观以其特有的景观构成和功能区别于其他景观类型（如农业景观、自然景观）。在构成上，城市景观大致包括三类要素，即人工景观要素，如道路、景观物；半自然景观要素，如公共绿地、农田、果园；受到人为影响的自然景观要素，如河流、水库、自然保护区。在功能上，城市景观包括了物化和非物化两方面要素：物化要素即山、水、树木、景观等环境因素；非物化要素即环境要素所体现出的精神和人文属性。作为一种开放的、动态的、脆弱的复合生态系统，城市景观的主要功能是为人类提供生活、生产的场所，而其生态价值主要体现在生物多样性与生态服务功能等方面，其中的林地、草地、水体等生态单元对于保护生物多样性、调节城市生态环境、维持城市景观系统健康运作尤为重要。作为人类改造最彻底的景观，城市景观由于具有高度的空间异质性，景观要素间的流动复杂，景观变化迅速，更需要进行生态规划、设计和管理，以达到结构合理、稳定，能流顺畅，环境优美，达到高效、和谐、舒适、健康的目的。

四、城市景观规划的主要内容

城市具有自然和人文的双重性，因此对城市生态景观规划也应当包括自然生态规划和人文生态规划两方面内容，并使自然景观与人文景观成为相互依存、和谐统一的整体。

（一）城市自然景观规划

城市自然景观规划的对象是城市内的自然生态系统，该系统的功能包括提供新鲜空气、食物、体育、休闲娱乐、安全庇护以及审美和教育等。除了一般人们所熟悉的城市绿地系统之外，还包含了一切能提供上述功能的城市绿地系统、森林生态系统、水域生态系统、农田系统及其他自然保护地系统等。城市的规模和建设用地的功能总是处在不断变化之中，城市中的河流水系、绿地走廊、林地、湿地等需要为这些功能提供服务。面对急剧扩张的城市，需要在区域尺度上首先规划设计和完善城市的生态基础设施，形成能高效维护城市生态服务质量、维护土地生态过程的安全的景观格局。

根据景观生态学的方法，城市需要合理规划其景观空间结构，使廊道、斑块及基质等景观要素的数量及其空间分布合理，使信息流、物质流与能量流畅通，使城市景观不仅符合生态学原理，而且具有一定的美学价值，适于人类聚居。在近些年的发展中，景观规划吸收生态学思想，强调设计遵从自然，引进生态学的方法，研究多个生态系统之间的空间格局，并用"斑块——廊道——基质"来分析和改变景观，指导城市景观的生态规划。

（二）城市人文景观规划

所谓人文生态是一个区域的人口与各种物质要素之间的组配关系，以及人们为满足社会生活各种需要而形成的各种关系。多元的人文生态与其地域特有的自然生态紧密相关，是使得一个城市多姿多彩的重要缘由之一。一个优美而富有吸引力的城市景区，通常都是自然景观与人文景观巧妙结合的作品。一座城市的人文景观应该反映该城市的价值取向和文化习俗。城市人文生态建设，应当融入城市自然生态设施的规划和建设中，使文化和自然景观互相呼应、互相影响，城市才能产生鲜明的特色和生命力。在人文生态的规划中，要努力挖掘和提炼地域文化精髓，继承传统文化遗产，同时反映城市新文化特征，注意突出城市文化特色并寻求城市文化的不断延续和发展。

五、当前城市景观中的生态问题

当前城市景观中的生态问题，主要源于城市规划建设中不合理的土地利用方式以及对自然资源的超强度开发，具体表现在以下几方面：

（一）景观生态质量下降

在城市中，承担着自然生境功能的景观要素类型主要有林地、草地、水体和农田等。随着城市人口激增和生产生活用地规模迅速扩大，城市中自然景观要素的面积在不断减少，生物多样性严重受损，导致景观生态稳定性降低，对各种环境影响的抵抗力和恢复力下降。同时，随着环境污染问题日益加剧，城市自然环境的美学价值及舒适性降低，人们纷纷离开城市走向郊区。而郊区化的蔓延，使原本脆弱的城市郊区环境承受了巨大的压力。随着经济的增长，在市场推动下，各大城市，尤其是其经济开发区，都保持着巨大的建设量，大规模的土地平整使地表植被破坏，土地裸露，加上许多土地长期闲置，导致城市区域水土流失日益加剧，不仅造成开发土地支离破碎，而且危害市区市政基础设施及防洪安全，对城市景观和环境质量构成威胁。研究表明，城市周边裸露平整土地产生的土壤侵蚀程度远远超过自然山地或农业用地。

（二）景观生态结构单一

城市区域内土地紧张，景观密度大，造成城市景观破碎度增加、通达性降低。城市自然景观元素主要以公共绿地的形式存在，集中在少数几个公园或广场绿地，街道及街区分布稀少，难以形成网格结构，空间分配极不均衡。同时，绿地内植被种类及形态类型单一，覆盖面小，缺乏空间层次，难以实现应有的生态调节功能。

（三）景观生态功能受阻

城市区域中，人类的活动使自然元素极度萎缩，景观自然生态过程（如物种扩散、迁移、能量流动等）严重受阻，生态功能衰退，其涵养、净化环境的能力随之降低。例如，建设开发使河道、水系干涸、污染；修建高速公路使自然栖息地一分为二等，这些活动都造成自然生态过程中断，景观稳定性降低。另外，城市景观密度过高，也使景观视觉通达性受阻，同时空气水源、噪声等各种污染使城市景观的可持续性和舒适性降低。

六、城市生态景观规划的基本原则

城市自然景观的生态规划一般应遵循以下基本原则：

生态可持续性原则：使城市生态系统结构合理稳定，能流、物流畅通，关系和谐，功能高效。在规划中要注重远近期相结合，在城市不断扩张的过程中，为生态景观系统留出足够的发展空间。

绿色景观连续性原则：通过设置绿色廊道，规划带形公园等手段加强绿地斑块之间的联系，加强绿地间物种的交流，形成连续性的城市景观，使城市绿地形成系统。

生物多样性原则：多样性导致稳定性。生物多样性主要是针对城市自然生态系统中自然组分缺乏、生物多样性低下的情况提出来的。城市中的绿地多为人工设计而成，通过合理规划设计植物品种，可以在城市绿地中促进遗传多样性，从而达到丰富植物景观和增加生物多样性的目的；遵循多样化的规划原则，对于增进城市生态平衡、维持城市景观的异质性和丰富性具有重要意义。

格局优化原则：城市景观的空间格局是分析城市景观结构的一项重要内容，是生态系统或系统属性空间变异程度的具体表现，它包括空间异质性、空间相关性和空间规律性等内容。它制约着各种生态过程，与干扰能力、恢复能力、系统稳定性和生物多样性有着密切的关系。良好的景观生态格局强调突出城市整体景观功能，通过绿色的生态网络，将蓝色的水系串联起来，保障各种景观生态流输入输出的连续通畅，维持景观生态的平衡和环境良性循环。在中国，城市绿地一般极为有限，特别是老城区，人口密度大、景观密集，绿化用地更少。因此，在景观规划中，如何利用有限空间，通过绿地景观格局的优化设计，充分发挥景观的生态功能和游憩功能，以及通过点、线、带、块相结合，大、中、小相结合，达到以少代多、功能高效的目的显得尤为重要。

七、城市景观规划的技术和方法

景观规划的过程应该是一个决策导向的过程，首先要明确什么是要解决的问题？规划的目标是什么？然后以此为导向，采集数据、寻求答案。在制定景观规划时通常需要考虑六方面的问题：①景观的现状（景观的内容、边界、空间、时间以及景观的审美特性、生物多样性和健康性等，需要用什么方法和语言进行描述）；②景观的功能（各景观要素之间的关系和结构如何）；③景观的运转（景观的成本、营养流、使用者满意度等如何）；④景观的变化（景观因什么行为，在什么时间、什么地点而改变）；⑤景观变化会带来什么样的差异或不同；⑥景观是否应该被改变（如何做出改变景观或保护景观的决策，如何评估由不同改变带来的不同影响，如何比较替代方案等）。

（一）地图叠加技术

在早期的城市及区域规划中，规划师们常常采用一种地图叠加技术，即采用一系列地图来显示道路、人口、景观、地形、地界、土壤、森林，以及现有的和未来的保护地，并通过叠加的技术将气候、森林、动物、水系、矿产、铁路、公路系统等信息综合起来，反映城市的发展历史、土地利用及区域交通关系网以及经济、人口分布等。在景观规划中，也可以采用这种方法，针对每个特定资源进行制图，然后进行分层叠加，经过滤或筛选，最终可以确定某一地段土地的适宜性，或某种人类活动的危险性，从而判别景观的生态关系和价值。这一技术的核心特征是所有地图都基于同样的比例，并都含有某些同样的地形或地物信息作为参照系；同时，为了使用方便，所有地图都应在透明纸上制作。

20世纪50年代，麦克哈格首先提出了将地图分层叠加方法用于景观规划设计中。在近半个世纪的历程中，地图分层叠加技术从产生到发展和完善，一直是生态规划思想和方法发展完善过程的一个有机组成部分。首先是规划师基于系统思想提出对土地上多种复杂因素进行分析和综合的需要，然后是测量和数据收集方法的规范化，最后是计算机的发明和普及，都推动了地图分层叠加技术的发展。

中关村科技园海淀园发展区生态规划，就是一个应用麦克哈格"千层饼"方法分析的实例。其中选取了8项生态因子图进行叠算，其中深色部位适宜生态保护和建设，浅色部位适宜城市建设。该规划还根据土地生态适宜性分析模型，运用景观学"斑块——廊道——基质"原理，建立了园区的自然生态安全网络，并编制了土地生态分级控制图。在其规划指标体系中，将园区分为5个生态等级区：一级区为核心生态保护区、二级区为生态保护缓冲区、三级区为生态建设过渡区、四级区为低度开发区、五级区为中度开发区。它为确定城市发展方向提供了科学依据。

（二）3"S"技术

随着空间分析技术的发展及其与景观规划的结合，遥感（RS）、全球定位系统（GPS）和地理信息系统（GIS）在景观规划中得到应用。它们极大地改变了景观数据的获取、存储和利用方式，并使规划过程的效率大大提高，在景观和生态规划史上可以被认为是一场革命。其中，遥感（RS）具有宏观、综合、动态和快速的特点，特别是现代高分辨率的影像是景观分类空间信息的主要数据源，遥感影像分析是景观生态分类和景观规划的主要技术手段；全球定位系统（GPS）的准确定位是野外调查过程中进行空间信息定位的重要工具；地理信息系（GIS）空间数据和属性数据集成处理以及强大的空间分析功能，使得现代景观规划在资源管理、土地利用、城乡建设等领域发挥着越来越大的作用。如果将生态景观规划的过程分解为：分析和诊断问题、预测未来、解决问题三个方面的话，那么，与传统技术相比，GIS尤其在分析和诊断问题方面具有很大的优势。这种优势主要反映在其可视化功能，数据管理和空间分析三个方面。

八、城市景观规划的生态调控途径

（一）构建景观格局

城市是自然、经济和社会的复合体，不同的城市生态要素及其发展过程形成不同的景观格局，景观格局又作用于生态过程，影响物种、物质、能量以及信息在景观中的流动。合理的城市景观格局是构建高效城市生态环境的基础。在城市景观规划中，不仅要注意保持其生态过程的连续性，而且应使其中的各种要素互相融合、互为衬托、共同作用，从而形成既具有地方特色又具有多重生态调控功能的城市景观体系。

（二）建设景观斑块

城市景观规划应有利于改善城市生态环境。在规划中，除了要加强公园、绿地等人工植被斑块的建设，还应尽可能引进和保护水体、林地、湿地等具有复杂生物群落结构的自然和半自然斑块，并使其按照均衡而有重点的格局分布于城市之中。同时合理配置斑块内的植物种类，形成稳定群落，增加斑块间的异质性，可为形成长期景观和发挥持续生态效益打下基础。

（三）建立景观廊道

城市中的景观廊道包括道路、河流、沟渠和林带等。研究表明，景观廊道对生物群体的交换、迁徙和生存起着重要作用。通畅的廊道，良好的景观生态格局有利于保障各种景观生态流输入输出的连续通畅，维持景观生态平衡和良性循环。同时，城市景观廊道还是城市景观中物质、能量、信息和生物多样性汇集的场所，对维护城市生态功能的稳定性具有特殊作用。

城市中零散分布的公园、街头绿地、居民区绿地、道路绿化带、植物园、苗圃等城市基质上的绿色斑块，应与城外绿地系统之间通过"廊道"（绿化带）连接起来，形成城市生态景观的有机网络，使得城市景观系统成为一种开放空间。这样不仅可以为生物提供更多的栖息地和更广阔的生活场所，而且有利于城外自然环境中的野生动物、植物通过"廊道"向城区迁移。此外，在城市中，可以将公园绿地、道路绿地、组团间的绿化隔离带等串联衔接，并与河流及其防护林带构成相互融会贯通的"蓝道"和"绿道"，在总体上形成点、线、面、块有机结合的山水绿地相交融的贯通性生态空间网络。

（四）改善基质结构

城市景观要素中"基质"所占面积最大，连接性最强，对城市景观的控制作用也最强。它影响着斑块之间的物质、能量交换，能够强化或减弱斑块之间的联系。在城市景观环境中，存在大量硬质地面，包括广场、停车场等，它们是城市景观基质的重要组成部分。为了改善这些基质的结构和生态效应，对城市公共空间中的硬质地面应优先考虑采用具有蓄水或渗水能力的环保铺地材料，如各种渗水型铺砖等。在城市的高密度地区，可采用渗透水管、渗透侧沟等设施帮助降水渗入地下。在具体规划设计中应根据各个城市不同的气象及水文条件，确立合理的渗透水及径流水比例，并以此为依据指导城市各种地面铺装的比例，从而在总体上逐步实现对城市降水流向的合理分配。随着更多新型生态化城市硬质铺面材料的问世，城市景观基质结构与自然生态系统的连通性将会不断得到改善。

（五）控制土地扩张

随着城市化水平的提高，城市区域及周边水土流失日益严重，耕地减少速度不断加快，这是世界各国在城市化过程中普遍面临的问题。20 世纪 90 年代，美国针对城市扩张导致的农业用地面积减少及城市发展边界问题，制定了相关法律和土地供给计划，并且基于 GIS 技术建立了完整的空地及建设用地存量库，用以统筹控制城市区域土地的扩张。我国当前正处在城市化高速发展的时期，在城市开发建设过程中，更需要把握城市总体景观结构，控制城市土地扩张，结合城市中自然绿地、农田水域等环境资源的分布，在开发项目的选址、规划、设计中应遵循生态理念，保持城市景观结构的多样性，防止大面积景观群完全代替市郊原有的自然景观结构。此处，可以通过保持城市之间农田景观的方式，在满足城市建设土地的同时，为城市化地区生态环境的稳定性提供必要的支持和保证。

本章从景观的含义出发，首先介绍了生态景观设计的一般概念、主要内容、基本原则、常用方法和主要作用；其次介绍了生态景观规划的概念、基本语言和构成要素；最后着重介绍了城市景观规划的相关内容。其中，分析了当前城市景观中的主要生态问题；提出了城市生态景观规划的基本原则，以及城市景观规划的基本技术和方法；最后，介绍了城市规划的生态调控途径。应该说，城市景观生态问题的妥善解决，有赖于对景观生态系统更加深入而系统的科学研究；有赖于更先进和可靠的地理信息系统和分析技术及其与景观生态规划的结合（目前，在景观生态学定量分析基础上的景观规划还远没有成熟，从这个意义上来说，景观生态规划还刚刚开始）；更有赖于一种新的生态景观规划与建设理念及思路的形成，即重视景观的整体生态效应，同时将人类视为影响景观的重要因素，从整体上协调人与环境、社会经济与资源环境的关系，从而最终实现城市生态景观的保护与可持续发展。

第四章　城市规划管理的理论研究

第一节　城市规划管理面临的问题

随着社会经济的飞速发展，城市化进程的速度也在不断加快。在此形势下，做好城市规划管理工作，对于城市的健康、可持续发展，就显得尤为重要。但从目前各地城市规划管理现状来看，其中还存在诸多问题。在本节主要围绕城市规划管理的意义和主要问题展开具体的分析研究，并且针对问题的形成原因，提出了几点对策，旨在能够为进一步做好城市规划管理工作，提供相应的借鉴。

一、城市规划管理工作中存在的主要问题

城市规划管理机构不统一。从目前各地城市规划管理状况来看，虽然很多城市针对该项工作，都设置了相应的规划管理机构，但该管理机构并不统一。具体表现于：部分城市的规划管理机构隶属于建委，而部分城市的该机构则与建委平行。由于管理机构的不统一，导致各地的城市规划管理范围、权限等都不同。此外，各地城市规划管理机构的名称也存在较大的差异，如，规划局、规划房产局等。城市规划管理机构名称的不统一，导致外商无法快速找到当地规划主管部门的问题。而不统一的城市规划机构，则增加了各部门之间工作的协调难度，影响到城市规划管理工作效果。利益界定模糊，是造成城市规划管理机构不统一的一项主要因素。

城市规划管理实施手段不够规范。城市规划管理实施手段不够规范的问题，具体表现在以下三个方面：一是，城市规划审批管理工作不够规范。国务院针对城市规划审批工作提出了具体的要求：各地政府部门应该按照国家法律规定，严格审批分区域规划土地，确保城市规划的严谨性、合法合规性。但城市规划实施管理制度不规范，导致很多城市规划决策缺乏可靠的依据，影响到了决策的科学性和可行性，进而引发违法违规建设现象。二是，城市规划执法主体的管理职能不够明确。当前，很多城市存在规划执法主体职能不清晰、管理模式不科学的问题，直接影响到了城市规划管理工作效果。三是，城市规划经费投入管理工作不够严谨。在各级政府财政预算管理体系中，并未纳入规划管理经费这一项内容，如此就导致城市规划经费管理经常不到位。

公众参与机制缺失。目前，我国很多城市的规划管理工作参与主体仅仅为政府部门，

公众缺乏参与机会。如此就导致社会各界人士关于城市规划管理的意见无法运用于当地规划管理工作中。公众参与机制的缺失，导致公众与政府管理部门无法围绕城市规划问题展开有效的沟通，如此会直接影响到城市规划管理工作的社会和经济效益。此外，公众参与机制的缺失，还容易引发其他问题。如，政府部门在城市规划管理工作过程，容易忽视人民群众的利益，而过于关注经济效益。事实上，城市规划管理工作不仅要关注经济效益，而且要关注社会效益，通过对城市资源的合理分配与再利用，实现社会、经济以及环境的协调、可持续发展。

二、城市规划管理工作问题解决对策

建立健全相关法律体系。建立健全相关法律体系的目的在于：对城市规划管理工作加以规范，确保其符合法律规定，同时对城市规划编制工作不断的创新与完善。需要注意的是：在对城市规划管理法律进行完善的过程中，需要与其他法律制度相结合，一方面，确保城市规划符合法律要求；另一方面，确保城市规范符合技术标准要求。规范化的法律体系，才能够推动城市规划管理工作有序进行。此外，各地应该强化城市规划管理审批制度，做好土地审批工作、规划城市用地、明确土地用途。按照《城乡规划法》中的规定，合理规划每一项建设工程。土地规划审批环节的合法合规性以及严谨性，是降低职权滥用现象发生概率的关键。

设置统一的规划管理机构。城市规划管理机构的统一设置，有助于提升城市规划管理工作效率。而倘若缺乏统一的规划管理机构，则容易阻碍城镇化建设步伐，对城市的进一步发展与建设造成不利。对此，相关部门需要从法律层面入手，统一城市规划行政主管部门的职权、名称以及职责等。在此环节，对城市规划管理机构的权限进行合理划分最为关键，既要确保机构的权威性，又要防止滥用职权的现象。如此才能够推动城市规划管理工作有序进行，推动城市的进一步发展。

做好城市规划实施监督管理工作。城市化发展的持续性特征，决定了城市规划管理工作的持久性。为了推动城市规划管理工作的有序、高效率进行，各地城市规划工作监管当局，需要认真履行职责，做好城市规划实施监管管理工作。一是，加强对城市土地规划用地的审批管理力度，确保每一块城市土地都得到合理、合法利用。二是，做好城市规划日常监督管理工作，及时发现违法违规的建设行为，并且采取措施加以制止。三是，落实事前、事中以及事后监督制度，将监督工作贯穿于整个城市规划环节，及时发现并解决问题，严厉惩处违法违规操作行为，保障城市规划管理工作质量和效率。

确保公众参与度。城市规划管理工作应该确保公众参与度，一方面，保障公众的合法权益；另一方面，广泛搜集公众关于城市规划的意见，提升城市规划管理工作质量。具体措施包括：一是，城市规划管理机构需要完善公众参与机制，为公众提供参与城市规划的机会；二是，城市规划管理机构在工作过程中，需要充分考虑公众的现实需求；三是，针对城市稀缺资源的再分配问题，需要积极听取公众的意见，防止出现独断专行、徇私舞弊现象，防止因资源分配不公引发社会矛盾现象的发生；四是，保障公众在城市规划环节的发言权，维护公众的合法权益。

总而言之，在社会经济快速发展的形势下，做好城市规划管理有利于城市的可持续发展。我国目前处于城镇化发展的关键阶段，针对城市规划管理问题，相关部门应该积极寻找问题的成因，并且采取具有针对性的措施加以解决，确保城市规划的合理性，提升城市规划管理工作效率，实现城市的合理布局与城市功能的优化，为广大城镇居民改善居住环境。同时，结合时代发展要求，进一步创新城市规划管理工作，促进城市的更好、更快发展。

第二节 城市建筑与城市规划管理

近年来随着经济的快速发展，我国的建筑行业虽然有着极大水平的进步，但是还存在着一定程度的缺陷。所以，相关政府部门应该具体问题具体分析，根据每个问题的实际情况予以解决。进一步提升城市建筑规划水平，优化城市环境，让城市发展水平和经济发展水平相匹配，最终促进我国经济和建筑的可持续发展。

一、城市规划管理和城市规划设计的概述

城市规划管理是城市规划编制、审批和实施管理工作的统称，针对城市发展的总体方针，对建设项目的规划管理、建设用地管理、建设工程管理。主要目的是为居民打造一个更好的居住环境。城市如果想要得到良性长期的发展，就必须充分整合有效资源，使其可以更好为城市发展服务。城市规划管理主要内容：①土地资源的管理；②各种建设项目的管理。

城市规划设计是较为抽象的概念。在不同的发展时期，城市都有的发展主题，城市规划设计为城市的发展服务，通过对城市硬件或软件的规划设计，迎合城市的发展需要。城市规划设计要对城市政治、经济、文化起到引领作用，在设计中既要遵循社会原则、经济原则和安全原则，更要注重地理优势、产业结构、发展条件、文化底蕴、历史条件等因素。

二、城市建筑与城市规划管理意义

城市建筑和城市规划管理的意义是，以实现社会经济和社会资源的可持续发展为基础，进一步对城市建筑工作进行创新，并将这项工作作为城市规划管理的主要内容。具体而言，就是以保护生态环境为前提，将人力、物力、财力在有限的时间空间内发挥最大的作用，与此同时，引进新的科学技术和先进的观念促进城市经济的发展，推动整个城市的改革满足城市化建设进程的需要和基本发展要求。众所周知，判断一个建筑物是否合格的基本标准首先是其功能是否完备，其次是其是否对城市的特色和文化予以体现。要做到以上两方面，就需要建筑设计人员在设计过程中进行细致的考量。尤其是针对人们日常居住的基础性建筑来说，保证了以上两个方面的内容，就实现了整个建筑的基本需求和标准。在推动

城市规划的过程中，进行建筑物或建筑群落的创新是重要的一个方面，但是也会因此导致出现一些乱现象，所以就要求相关政府对其有一个科学合理的规划管理。

三、城市规划的合理布局

打破传统观念，树立新观点。进行城市的合理规划和布局，和一个城市的发展趋势和水平息息相关，但是对于一个城市的合理规划来说，不仅仅是相关工作人员的主观意愿，要立足于客观事实，包括周边的环境因素，和城市的未来发展目标，以及自然因素等等，都需要对其进行多角度的分析，并以此为基础进行整个城市的合理规划和管理，与此同时，相关政府也要出台相应的法律法规对城市规划进行进一步的优化。

因地制宜地进行布局。我国幅员辽阔，而每个城市的建筑风格都有一定的差异，跟城市的历史和文化底蕴都息息相关。因此，在进行城市规划的过程中，相关的设计人员要根据每个城市的人文环境和历史进行设计工作，发现城市的特点和优势，并在设计中进行体现，让城市的建筑物和建筑群落都能体现出这个城市的风格，具备独一无二的特点，让每个建筑物都有着自身的精髓和灵魂所在。

合理布局人口密度。城市化进程的发展在给人们的日常生活带来便利的同时，也存在着一系列问题，例如，城市交通越来越拥堵，城市配套设施不足等，导致城市的不同职能区无法进行统一的规划。由于人口大量涌入城市，城市的人口密度大幅度增加，但城市的面积，水资源和公共空间等都保持原状，所以直接导致城市人均资源拥有量大幅度下降。因此，在城市化建设的发展过程中，要合理进行城市布局和人口密度的规划，通过控制区域内的人口密度来保证整个城市可持续发展的稳定性。

四、我国城市规划的现状和城市建设管理中存在的问题

城市规划的现状。在社会经济迅速发展的过程当中，我国现代化城市建设取得了举世瞩目的巨大成就，各个方面都有了非常明显地提高。可是，在此期间，其中也逐渐浅显出一系列的问题：第一，城市规划的随意性。纵观所有的城市规划项目，不科学、不合理性是比较突出的，在这种状况下只会对城市规划与城市建设管理工作的开展埋下巨大的隐患；第二，城市规划急功近利。一些城市在制定规划的时候盲目追求经济效益，将城市发展的整体效益完全忽略，这种急功近利的行为可以输在我国现代化城市规划中是非常多见的，这些城市为了所谓的建立城市的良好形象，只做一些面子工程，造成人力、物力、财力等资源的巨大浪费；第三，城市规划缺乏前瞻性。伴随着各城市人口数量的快速增长，很多城市在进行发展规划制定时缺乏前瞻性，这样就会导致城市建设根本无法满足当前市民的基本需求；第四，城市规划的趋同性。很大一部分的城市规划完全是对其他城市的照搬照抄，根本没有从自身城市的历史文化特征入手，没有任何自己的独特之处，这样建设出来的城市是没有任何竞争实力的。综上所述，我国城市规划现状处于亟待改善的一种状态。

城市建设管理中存在的问题。第一，缺乏城市建设管理有效方式。城市建设在日常管理中审批管理不到位，并未严格遵循国家既有制度、既定规范与要求开展相关工作。此外，

城市管理职能不健全，规划管理投入成本不到位，执法工作人员综合素质、专业能力较低等等；第二，城市建设管理体制不健全。有许多城市在进行城市规划管理工作当中，遇到问题之后都会讲起作为政府事务来进行处理，并未充分地调动起社会广大群众的力量，在此过程当中，城市规划建设社会效益做出评价的时候，缺乏健全合理的评价机制，上述问题的存在将引发一系列的城市建设管理矛盾的出现，这对于城市建设管理工作效率的提升可以说带来了很大的阻碍。

五、加强城市建筑管理的措施

健全完善规划法规体系。随着城市化进程的加快，很多建筑企业也在飞速的发展进步，但是，由于很多企业在进行建筑工程施工的过程中，一味地追求经济利益，将城市建筑对社会的影响抛诸脑后，影响了城市化建筑进程。因此，针对这一情况，国家必须制定合理的法律法规进行建筑过程的完善并对建筑管理措施予以加强，相关政府更要以国家政策为基础，完善城市的法律法规体系，进一步规范企业的建筑施工工作，保证我国城市化进程的顺利发展。

加强城市规划与管理的监督。城市建设管理工作是一个长期的工作过程，要保证城市规划建设管理的顺利进行，城市的相关政府部门就要重视这项工作并将其列为重点项目，以国家的法律法规为基础，建立一个行之有效的监督机制，对整个城市规划管理的全过程进行严格的监督，一旦发现问题，根据实际情况及时地采取有针对性的措施进行解决。

随着我国经济的不断发展和城市化建设进程的加快，我国城市建筑的不断发展正快速地改变着城市的面貌。因此，在城市规划管理的过程中，以科学发展观为基础，将整个管理工作落实到实处，可以促进人和自然环境的进一步和谐发展。而建筑是整个城市的核心部分，城市规划管理对城市建筑起到指导和决策的作用。

第三节 现代城市规划管理建设一体化

随着近两年我国城市化率的提升，实现现代城市规划管理建设一体化已经成为一种发展的必然要求。城市规划管理建设作为城市规划目标顺利实现的重要活动，主要是对相关的活动进行组织和控制，避免原有城市管理中存在的问题。该项工作是解决我国城市用地紧张，实现城市用地科学化、规范化、良性化的重要措施。

宿松县位于安徽省西南角，地处长江中下游的北岸、大别山南麓，西与湖北省黄梅县、蕲春县毗邻，东北与安徽省太湖县接壤，东南与望江县相连，南与江西省湖口、彭泽县隔江相望，是皖鄂赣三省八县结合部，为皖西南门户。全县面积2393.53平方公里，辖9镇13乡207个自治村（社区），省辖华阳河农场、九成监狱管理局均在境内，总人口80万。在《宿松县城市总体规划》指导下，建制镇已经基本接近完成控制性规划的编制，其他的乡也基本完成了《乡集镇建设规划》编制，逐步形成了宿松县规划编制管理体系依据，使我县城乡规划管理水平再上一个台阶。

一、加快完善县城乡规划编制体系，推动"多规划合一"

目前我县各项专业规划管理上存在各自为政，没有有效的整合形成合力。甚至有些规划管理建设实施上存在相互矛盾，浪费了大量人力、财力，这样严重影响县城城市规划建设的发展。编制城乡规划应当与国民经济和社会发展规划、土地利用规划相衔接，统筹落实交通、水利、安全、环保、消防、电力、通信等经济和社会事业相关要求，加快建立"多规合一"的体系，探索建立全域覆盖、体系完善、部门联动、动态更新的空间规划信息管理平台，不断健全空间规划协调机制。成立宿松县"多规合一"工作领导小组，形成长效管理机制。

二、我县城市规划管理中存在的问题

规划建设存在盲目、无序状况。随着县城城市规模不断扩大，城市规划建设盲目性、无序性越来越突出。具体表现在：县城城市规划不到位，导致项目规划与建设频繁调整，城市规划对县城可持续发展应该发挥的价值没有充分实现；城乡规划一体化程度低，地处城乡接合部的地区在规划与建设方面处于"两不管"；部分地区城市建设规划处于盲点，盲目建设导致环境污染、生活条件恶化，生态环境遭受剥削性破坏；城市规划监管机制不健全，规划部门存在暗箱操作；老城区土地利用情况恶化、利用效率低。

规划管理落实不到位。一是城市规划依法审批管理不到位。2008年8月我县编制刚刚完成《宿松县城老城区控制性详细规划》，规划编制工作相对滞后。2010年12月31日我县出台了停止了个人建房的政策，从2008年8月至2010年12月31日期间，大量个人建房申报量急剧增加。过渡时期，对规划实施管理依据认识不足，一些配套政策的缺乏，造成决策的方向性失误，出现规划与实践建设方案出入大的情况，违规建设情况大量存在。二是县城城市规划执法主体监管职能不到位。城市监管部门在城市规划落实和建设过程中承担着重要的监督职能，但是当前的城管人员往往缺乏专业的知识和素质，对于违法建筑的监管存在睁一只眼闭一只眼的情况，任由一些违规建设现象发生。三是县城市规划管理的经费投入不到位，人员配备不足。四是县城市规划人员素质不到位，缺乏必要的理论与实践经验，在涉及高要求的城市规划设计内容和要求时，难以拿出有效的解决方案。

公众参与城市规划管理机制和积极性不高。在城市规划方面，由于信息不对称等问题的存在，导致公众获知和参与城市规划管理的消息不及时，难以有效地参与到城市规划管理工作的监督和落实之中。同时，政府并没有设置专门的平台和路径来让那些对城市规划有良好建议的公众表达诉求，导致公众参与城市规划的积极性和实效性不高。并没有充分发挥社会各界的力量。而城市建设的最终服务主体是公众，如果出现规划与实际使用不对接的情况，将导致公共资源的浪费和城市运行效率的低下。例如，我县老城区车辆拥堵严重，公共停车场严重缺乏，县委原办公区及百合大楼区土地，仍然考虑向社会公开拍卖，开发建设商品房，这样没有对县城土地资源进行合理再分配。

三、城市规划和建设管理的优化措施

坚持从城市发展实际出发，科学合理规划城市建设。在开展城市建设过程中要严格城市规划审批和具体建设工作的监督，强化规划人员和建设人员的科学意识。首先，城市规划和建设要立足于本地区的实际情况，从城市不同功能区的划分来进行科学、合理的论证，实现协调统一、效益最大化和成本最小化的有效结合。城市建设要做到"先规划、后建设"，从城市长远发展的全局来考虑，同时注重经济效益与社会效益的协调，实现宜居城市建设。

积极听取公众的建议。城市发展的主体是广大市民，城市建设的最终成果要由市民来共享。因此，城市规划和建设工作要从市民的真正需求出发，解决公众最关心的难题，实现城市人性化的管理。例如，对于那些交通易出现堵塞的路段，要进行多次深入的论证，然后进行科学的道路交通网络规划，借助网络平台来鼓励公众进行建言献策，最终根据意见对规划设计方案进行调整和完善，实现科学、合理和可行的有效统一。

深化规划管理应用。城市规划和管理部门要围绕规划管理的各个环节，实现从规划到建设和投入使用的系统化管理，对各个区域的发展情况进行常规性的调查研究，实现城市发展的良性协调。具体来说，需要从以下几方面着手：一是整合工作流程，建立批前、批后、建后3个阶段的定位、定量和可视化监控管理体系，借助完善的监督体系来实现对城市规划和建设的全方面跟踪监督。二是通过集成化的政府门户网站，及时将相关的规划方案公之于众，方便广大市民的了解和建议。三是利用科学技术，建立高效的综合监控体系，快速、全面、准确地监测城市发展动态、违法建设活动及产生的环境问题。

以人为本的城市规划、建设与管理是一个综合的系统工程，需要从规划、建设和使用等各个环节加以重视，提升城市规划、建设和管理的一体化程度。在关系方面，城市规划和建设的科学性和合理性直接影响到城市发展的质量和规模，对于市民生活质量和水平的影响也是巨大的。在城市规划和建设过程中，相关部门要依托自身的实际情况，从全面和可持续的层面来进行综合的考量和决定，实现城市的良性化发展。

第四节 信息运用与城市规划管理创新

城市规划管理需定期结合城市社会经济发展目标，对城市发展方向、规模和性质等进行确定，通过城市空间的合理部署和资源的合理利用确保城市发展目标顺利实现。在信息时代，科学开展城市规划管理工作离不开信息技术的支持，故应加强对信息技术在城市规划管理中的应用分析，以更好满足城市发展需求。

一、城市规划设计对信息技术的需求

数据收集对信息技术的需求。数据收集是城市规划设计的首要工作，能否准确收集数据将对城市规划设计产生直接影响。在大数据时代，尽快完成数据信息收集才能确保数据实时性。采用信息技术能从多个渠道获取数据信息，如利用爬虫软件通过网络途径实现大量数据信息快速采集，可为规划方案编制提供全面的数据信息，促使城市规划设计工作效率的提高。在信息技术支撑下，可快速进行规划调研阶段数据问题的处理和响应，使城市规划可操作性和权威性提高，继而更好的满足城市规划发展的需要。

数据存储对信息技术的需求。城市规划设计需完成人口、地理、环境、资源、交通等各种数据信息的收集，形成大量数据，故数据信息存储管理具有一定难度。在大数据时代，可供城市规划设计工作采用的数据信息量急剧增长，信息存储管理给城市规划设计带来挑战。采用信息技术能有效的压缩各种数据信息，减少规划数据占用的空间，使规划设计人员的信息存储压力减轻。数据存储前能利用信息技术筛分不必要的数据，实现相关数据预处理，增强数据应用价值，为后续城市规划设计提供便利。

数据分析对信息技术的需求。城市规划设计中，面对大量数据信息，要进行高效处理才能厘清规划设计思路，提出科学的规划设计方案。采用传统的数据处理方式需投入大量人力进行数据验算和预测，难以准确把握数据间的联系，给城市规划设计带来负面影响。大数据时代，要加强信息技术应用，深入挖掘数据信息，明确数据信息价值和彼此之间的联系，使数据处理的准确性和效率提高。面对海量数据信息，城市规划设计更需采用信息技术提高数据处理效率，以缩短规划设计时间。采用信息技术能优化城市规划数据信息，促使数据价值充分发挥，给规划设计工作带来可观效益。

二、信息技术在城市规划设计的应用分析

信息技术在城市规划数据收集中的应用。应用信息技术能更好完成城市规划数据收集。目前，应用全球定位系统 GPS 和遥感技术 RS 便于统一采集和整理数据信息。应用 GPS 可在全球范围内实现卫星定位和导航，完成高精度三维数据信息采集，实现全球卫星用户位置的全天候、全方位和全时段采集，为用户提供高精度实时导航信息，在城市规划方面采用该种信息技术可获取时间和空间数据，促使城市规划服务系统信息化水平提高。获得准确的地理信息能为城市规划设计提供更好的服务。RS 传感仪可实现电磁波远距离反射和辐射，实现信息收集，获得各种景物图像。根据图像信息，可实现景物探测和识别。在城市规划中，采用该技术能为城市建设和管理提供基础地理信息及重要资料，如城市人口数量分布、城市交通道路、城市土地利用等数据，继而更好满足城市规划设计要求。在实际工作中，应用信息技术完成数据信息收集，则需完成城市基础网络和硬件设施建设，配备高速宽带网络，引入计算机等硬件设施，实现内外网有效连接，继而更好地采集各类数据信息。

信息技术在城市规划数据分析中的应用。城市规划阶段，要加强对城市的分析，更好

完成居民个体数据处理，获得城市整体图景，实现城市合理规划设计，如在城市交通道路规划方面，要实现公交刷卡数据、浮动车数据等各类交通数据信息处理，结合人口分布情况和道路交通情况实现对城市交通未来发展预测，根据居民活动密度分析结果合理规划道路。在实际分析过程中，可采用地理信息技术完成对规划数据的整理和分析。该技术能整合文字和数据，实现相关数据信息的统一分析和集成处理，延伸数据信息量，保证实时性和精确性。采用该技术能避免反复分析相同问题，为城市规划设计提供有价值的参考信息。目前，GIS经过完善后在空间分析和模型分析方面都具有一定实用性，在城市规划中能为城市资源和设施的时空分布提供技术支撑，且能有效的管理城市规划方案的数据信息，提高城市规划设计的效率。

信息技术在城市规划数据处理中的应用。在城市规划数据处理方面，需完成大量数据的发布和存储，并完成空间数据库的构建。在此阶段，若要完成城市基础规划和测绘数据的处理，则要联合应用GIS、GPS、数据库等各种技术，使数据资源得到统一、高效处理，得到系统且全面的规划数据。从城市规划编制到实施的实际过程中，需完成大量数据的处理。只有对各种信息产品进行规范化处理，才能为用户使用产品提供便利。在数据处理方面，要利用计算机处理多类型、多结构层次和性质差异较大的规划数据，凭借计算机精准、高效的特点完成各种异构信息的整合，使数据处理工作量降低。具体处理过程中应加强应用地理信息系统，使各种文字、数字和图片信息较好结合。该技术能为数据处理提供统计和分析工具，轻松实现大量数据的汇总处理，明确资源、地理等各类数据信息对城市发展的影响，继而结合城市演变实现合理规划设计。实践中要建立城市空间评优估量体系，通过科学评价确保各类城市规划数据信息得到合理处理，为预测城市空间发展提供可靠依据。

信息技术在城市规划设计管理中的应用。规划设计管理方面。采用CAD制图技术，利用计算机完成城市二维图纸绘制和三维设计，在交通网络构建及建筑布局等方面都可提供技术支撑。作为计算机辅助设计软件，CAD制图的精准性过去会受实地考察样本数据精准性的影响。在大数据时代，城市规划数据的准确性极大提高，故可更好利用CAD技术完成城市规划设计。在规划设计管理方面，可采用Network网络技术实现数据信息共享，构建数据信息交互平台。利用远程终端协议完成文件远程传输，实现城市管理数据信息的及时更新和共享，为城市规划设计提供良好的沟通交流平台。

规划决策方面。规划决策方面，利用该技术可完成图文一体化系统建设，实现城市规划信息统一分析、存储和管理，为规划决策的制定提供依据。

规划设计业务审核方面。规划设计业务审核方面，应用该技术能完成审批系统建设，推动城市规划管理自动化发展，为项目审批和报建等工作的开展提供支持，使规划审批工作的效率和质量提高。采用该技术能推进城市规划设计统一标准的建立，为项目会审、业务审批提供强有力的数据支撑，推动规划设计工作向专业化和科学化发展。

城市规划设计工作对信息技术的需求很高，在实际工作开展过程中，应认识到信息技术的应用优势，在城市规划数据采集、分析、处理和管理工作中加强应用GPS、RS等各种信息技术，促使城市规划设计的质量和效率提高，更好推动现代城市建设与发展。

第五节 城市规划管理新趋向及解决办法

科学的城市规划管理有利于推动城市的经济发展。基于此，本节简要介绍了城市规划管理的价值，指出了在新形势下城市规划管理的新趋向，分析了城市规划管理目前遇到的新挑战，并分别从实现经济与生态环境的和谐发展、加大文物保护力度以及建立健全城市规划管理机制等方面，提出解决城市规划管理遇到的困难的方法。

目前，我国已经全面步入了现代化发展时期，党的十九大对城市规划管理工作提出了更高的要求。开展科学的城市规划管理工作有助于维护市场经济的稳定发展，在保留传统文化意义的同时，建设出既能体现文物价值又符合现代化建筑审美的建筑，使城市具备优秀的空间布局，实现城市建筑的和谐美与空间美，有利于经济的可持续发展。

一、城市规划管理概述

城市规划管理工作的顺利开展，有利于形成科学的市场规范，可以使市场的秩序更加容易把控，大幅度减少投资者面临的投资风险，能够更好地推动城市经济的不断发展。近年来，我国经济体制的发展发生了转变，为我国市场经济的发展带来了新的机遇与挑战，投资市场的风险不断扩大，如果在管理环节中出现问题，将会导致经济损失的发生。所以，我国要加大城市规划管理力度，对投资者的行为进行约束，维护市场机制，使市场经济稳定发展。

城市规划管理工作的开展，可以展现当地政府的管理能力与职能发挥水平，采取科学的规划方法也有利于政府进行职能调整，政府可以积极与投资人、企业建立联系，互相配合，充分发挥各自的权利与义务，推动我国城市经济向更好、更快的方向发展。

二、城市规划管理的新趋向

管理机制的改革。近几年，随着城镇化的不断发展，我国对城市规划管理提出了新要求，要改革城市管理规划的机制与目标，优化社会管理方法，让公民参与到城市规划的过程中，在参与城市规划的过程中获得成就感。作为政府的管理机构之一，城市规划管理应积极探寻创新之路，使其自身的引导作用得到最大程度的发挥。在以往的城市管理规划中，管理方式以单向管理为主，在当前形势下，传统的城市规划管理方法已经无法满足现阶段的管理需求，要实现综合管理，以"放管服"为管理原则，革新城市规划管理的机制。

管理职能的转变。政府部门掌管城市规划管理，在传统的规划管理工作中，城市的规划管理是在政府部门的授意下开展的。近几年，政府也处在不断地发展与改革中，因此，城市规划管理也应当随着政府职能的改变做出相应的调整。在新形势下，应当加快转变城市规划的职能，使其发挥自身的引导作用，保证城市管理工作的顺利开展。

三、城市规划管理面临的新挑战

环境恶化问题。目前，环境污染问题成为城市治理中最为令人头疼的问题。近年来我国逐渐步入工业化时代，建筑业也迎来了行业的春天，外来人口迅速涌进城镇，为城市的发展带来了不小的压力，环境问题首当其冲，使城市管理的难度不断攀升。除此之外，城市管理工作的某些环节存在必须得到改善的问题，比如达不到标准的绿植覆盖率数值、污水处理的方法不合理等，其中部分工厂将未经处理的污水或者不符合相关标准的污水直接排入到河水中，污染水质、损坏绿色生态系统、降低水生物的存活率、减少水生物种类。除了上面提到的几个问题，还存在对绿色植被乱砍滥伐，大幅减少绿色植被的面积，不利于净化空气、大雾和大霾严重影响人的身体健康、市民乱丢垃圾、城市环境遭到严重破坏等严峻问题都严重影响着人类的生存环境。

名胜古迹遭到破坏。中华民族的传统文化历久弥新、源远流长，在长达几千年的不断发展后，为后世保留了多彩的文化特征，很多城市都将具备历史意义的建筑、街区作为保护对象。近年来，随着城镇化的不断发展，要求城镇建筑要以相同的风格存在，所以一些古老的建筑被迫遭到了破坏，严重影响了文物建筑的文化价值。众所周知，古建筑与古街道都能够提升城市品位，彰显这座城市的文化特色，可以通过发展旅游业带动当地经济的发展。虽然近几年国家呼吁保护历史文化遗产，人们保护文物的意识得到了提升，但在城市的发展规划中，还是存在关注眼前利益，追求短时间的经济效益，忽视了文物保护的现象出现，有关部门并没有起到相应的职能作用，文物保护工作有待提高，不利于城市规划的科学发展。

管理机制不完善。不得不承认，目前我国政府部门在制定城市规划管理决策时，起主导作用的是相关部门的领导者，只有极少部分城市是由城市规划专家负责城市规划的目标与方向的。同时，由于城市管理部门并为充分发挥其基本职能，导致城市规划管理工作在审批与监督等环节容易存在局限性。站在权利与职责的角度来看，规划管理工作人员往往在不同部门兼任不同职务，掌管不同的事情，这就形成了城市管理规划的单向性，存在主体偏失的现象，容易助长贪污腐败的风气，严重危害到公共利益，不利于城市规划管理的发展。例如，某一线城市在制定城市规划方案时，并未通知公众参与到规划的讨论，只是将规划的成果发布在当地的政府网站上，公众对此一无所知，忽视了群众的需要，显示出目前我国城市规划管理的机制不完善。

四、城市规划管理问题的解决方法

实现经济与生态环境的和谐发展。进行城市规划管理工作需要充分掌握该城市的实际发展情况，保证城市经济与城市生态环境建设共同发展。城市规划管理工作者要以城市的实际发展情况为基础，从多个角度研究重点项目的规划方法，不要被眼前短期的经济效益所迷惑，要目标长远，站在可持续发展的角度上看待问题，在实际工作过程中，始终把人与自然和谐发展放在首要位置，推动经济的可持续发展，尽量避免环境恶化问题的出现。

与此同时，还应大力宣传环境保护的价值，向市民传递爱护环境的思想，重点治理环境污染严重的地方，给予市民干净、舒适的环境，促进城市的可持续发展。

加大文物保护力度。开展城市管理规划需要对此地区的历史文化进行全面的考察，在此基础上设计城市规划管理的方法，保留历史文物的文化价值。在实际的管理规划环节中，管理规划工作者需要将保护文物作为首要的注意事项，然后再分析文物踪迹与城市之间的关系，在保留传统文化意义的同时，建设出既能体现文物价值又符合现代化建筑审美的建筑，严格按照城市管理规划的相关标准开展规划管理活动，使城市具备优秀的空间布局，实现城市建筑的和谐美。

建立健全城市规划管理机制。城市管理规划的重点是建立健全相应的管理机制，实现城市规划工作信息的公开，让普通民众有参与决策的权利，倾听百姓内心的声音，综合考虑之后确立管理规划办法。站在法律的角度来看，相关部门的工作者首先需要搞清楚规划的范围，充分考虑实际情况开展不同的管理工作，得到市民的支持与认同。所以说，在开展城市规划管理时需要重视公众的参与价值，建立健全管理机制，推动城市建设的不断发展。

综上所述，在新的时代背景下，人们对城市规划管理也提出了更高的要求，城市规划管理工作面临着诸多新挑战。政府部门可以对城市规划管理的机制进行改革，实现一体化管理，大力宣传环境保护的价值，向市民传递爱护环境的思想，促进城市的可持续发展。在开展城市规划管理工作时要注重对文物的保护，建立健全相关的管理机制，推动我国城乡建设的不断发展。

第六节　市场经济下城市规划管理运行机制

随着经济全球化和城市化的不断发展，新时代的市场经济发展要求市场规划管理做出相对应的调整和升级来解决新出现的问题。只有适应新时代特征的城市规划管理才能够对城市规划和城市建设起到积极的助推作用，进而提升城市居民的生活质量。

随着全球经济大环境的风云变幻，我国的经济体制也发生了翻天覆地的改变，同时，科学发展观及可持续发展战略的落实，也会对许多社会事业领域产生深刻的影响。以城市规划管理为例，经济发展方式的变化也会对城市规划管理的方式和形式提出了更高的要求。只有不断的对城市规划管理的手段及方法进行更新和改变才能使其更加适应时代的进步。

一、城市规划管理的重要意义

城市规划管理对于城市的管理具有重要作用。城市规划管理就是采用经济、社会及相应的管理学对国家批准的规划项目进行调节，使得城市建设以及城市规划得到合理布局的一种管理方式。城市规划在许多方面都能体现其重要意义。

改进城市功能。改善城市规划管理能够使城市可利用的土地得到更加科学有效的管理，更加科学合理的城市布局能够使城市在结构功能建设方面得到进步和发展。而城市的结构功能也对城市的发展空间和潜力起到了决定性的作用，合理的功能布局对于城市形态改良和经济社会发展有着不容小觑的重要作用。在新的时代条件下，我国的经济社会获得了巨大的发展，城市化的发展速度也不断提升。城市规划作为社会各界广泛参与到城市建设过程中的有效途径之一，能够引导和辅助投资行为。

整合社会资源。城市规划有助于整合社会资源，实现的具体途径包括制定公共政策、编制规划方案和管理规划信息等。有效的城市规划管理不仅能够保证城市居民的切身利益，还能够辅助政府的市政管理工作。城市规划管理是政府进行合理有效宏观经济调控的重要手段之一，城市规划管理能够协调投资者与政府以及不同投资主体之间的利益关系，也能够更好地控制和掌握投资开发的进程和速度。从更深层次来说，城市规划管理的编制及审批也能够规范投资者的行为并保障投资者的合法权益，使得投资者在进行投资时可以没有后顾之忧，进行投资选择时更加愿意冒险，这无疑更加有利于城市化的深入。

二、城市规划管理的现存问题

城市管理者在进行城市规划管理时往往会面临其自身的固有问题，如果不对这些问题进行分析和解决，将会阻碍城市化的进程。

资源开发盲目性。改革开放是我国经济的重要转折点，也是经济取得突破性成就的起点。进入新时代后，改革开放也取得了越来越令人瞩目的成就，我国也随之掀起了改进城市规划管理的风潮。虽然这样能够刺激经济增长的速度提高，不过由于部分领导好大喜功，因此会对城市资源进行过分的、盲目地开发。这样的开发和建设，虽在一定程度上来说使城市化建设的速度加快，与国家的宏观政策目标保持了一致，不过每一任城市领导人都延续这样的方式将会使城市的建设趋于过饱和，也会使得城市资源的利用效率有所降低。

项目建设混乱性。盲目开发和使用城市资源会导致一些项目建设的混乱。规划不合理，不仅无法促进城市的发展，反而可能会带来更多的弊端和问题，进而限制城市的发展。例如，对城市化的推进速度过分关注，强行拆除古建筑并建设新建筑，可能会带来一些官民矛盾，也会使一些具有历史人文底蕴的珍贵古建筑受到破坏，有损城市风貌。规划不合理带来的项目建设混乱还会对城市的生态环境造成一定的破坏，如导致严重的环境污染等，这反而会使得城市居民的生活质量有所下降。

三、提高城市规划管理质量的有效措施

树立协调规划意识。在市场经济的大背景下，可利用的城市资源与土地使用权主要通过有偿转让或买卖等途径来体现。而投资管理者在进行城市规划资源或土地有偿转让等选择之前都需要依据城市的总体规划蓝图。在进行城市规划建设之时需要树立协调合理规划布局的意识，不仅要做到布局合理，还要能够充分发扬城市的鲜明特色。我国幅员辽阔，每一座城市都有非常独特的特色，对一座城市有效的规划布局方式可能对于另一座城市而

言并不能发挥等同的作用，因此需要城市的建设者对于自己所在的城市进行全面的调查研究，充分掌握城市的特色，合理利用城市自身的优势，并对其内部的不足采取有效的手段进行弥补，从经济效益、社会效益和生态效益等多个方面来对城市规划建设进行综合考量，从而总结得出什么样的规划建设手段和布局方式才能使自己的城市实现更优的建设目标。在进行城市规划建设使不能过分盲目，也不能片面地追求城市化发展的速度。要秉承全面协调可持续的理念，对城市规划管理的方方面面做到统筹兼顾，树立协调规划的意识和全局观念，在规划计划科学合理的基础之上，追求城市化进程的平稳快速发展。

引入市场经济进行管理。在新时代的市场经济条件下，进行资源配置的主要依据是价值规律。在市场经济的背景下，城市的各项经济活动都与市场有着直接或间接的联系，处于市场关系之中的经济活动能够推动城市内部生产力要素的快速流动和城市可利用资源的优化配置。市场运行机制对于城市的建设发挥了不可小觑的作用，只有基于合理有效的市场调节，政府有关部门才能对城市规划建设管理实现更加有效的宏观调控。从本质上说，城市规划管理工作属于政府职责，是通过政府的行为来维护城市居民利益的方式之一。在市场经济条件下，由于可利用土地是有限的，因此土地价格会呈上升趋势。在此背景下，片面地依靠市场调节这一手段固然能够吸引更多的投资者参与城市建设项目的投资，但这样的建设方式并不健康，不能保证城市规划管理能力的整体提升。

在市场经济的大背景下，城市规划管理是最有利于促进城市发展和城市化进程推进的手段之一，也是改善居民生活质量、提升居民生活水平的重要举措。就目前而言，我国已经进入经济增长速度放缓、经济发展状态趋于稳定的阶段，目前正面临着非常关键的转型。这既会给城市发展带来挑战，也会为城市发展提供机遇。做好城市规划管理工作是未来社会的主要发展趋势，这是因为科学合理的城市规划建设能够保证城市功能的改进，也会对城市整体运行产生影响，更是城市发展进步的重要基石。

第七节　多元利益视角下的城市规划管理

当前，中国的经济迅猛发展，国民生产总值屡创新高，社会各项事业蓬勃发展，处处呈现出一派欣欣向荣的景象，伴随着经济的发展和社会的进步，中国的城市化进程也快速发展，城市化的规模和水平也逐步提升，这在很大程度上也推动了中国经济的平稳有序发展，同时也为城市规划管理提供了千载难逢的机遇。在对城市进行规划，促进城市各方面发展的同时，也有多种利益的矛盾和冲突日益突出，多元视角下的群体各有各的主张和诉求，相关的争议和纠纷也屡屡出现，呈现出比较混杂的局面，公众对此有很多批评。针对这种情况，本节从多元利益的角度，对城市规划进行深入细致的分析和研究。

当前，国家以及各级政府对于城市规划治理转型的步伐快速推进，中国城市规划正在逐步由物质空间研究视角向公共利益和社会利益的视角进一步转变。基于此，城市规划管理也呈现出更多元的利益和视角，在利益博弈的现实面前，很多城市规划者常常在多种利益的影响下综合考量城市的规划，在政治家和企业家等多方利益诉求下进行"解构"式的规划。

一、城市规划管理过程的多元利益博弈表现

政府的利益诉求。从根本上来讲，城市的政府行为从一定意义上来说，就是城市公共管理的主体。因此，城市的政府行为要以从根本上促进公共利益为最主要的目标。然而，政府自身也有着相关的利益诉求。一个比较良性的税源正常情况下是要进行层层上收的，如果在一定层面上，城市政府的事权和财权出现不对称，就会在财政方面承担很大的挑战。为了确保政府财政的正常运转，政府方面必须要在税收之外，探寻出全新的收入来源，针对这样的情况，土地批租和城市开发从一定意义上来说就成为政府追逐的目标。政府有针对性地借助征收农用地等方面的措施，在很大程度上为城市开发提供更多的土地资源，而且可以通过出让土地使用权来获得巨大的回报，这样能够在很大程度上使财政的拮据局面得到改观。

城市规划师的利益诉求。城市规划师主要是对城市进行规划的业务人员和技术人员，他们有着多重的身份，既是普通人，又是知识分子和规划专家。他们有着和普通人类似的行为准则和价值观念，更关注的是自身的工作情况和经济收入。另外，他们受过高等教育，有着一定程度的社会责任感，对弱势群体是比较同情和关心的。与此同时，城市规划师具备自身的专业特长，更重视书本知识和权威的意见，对于百姓的意见往往容易忽略。这样的多重因素就在很大程度上是城市规划师在谋求自身利益的过程中，通常情况下会倾向于利益集团和资本力量，更有甚者，有些人还会在利益的诱使下失去自身尊严和科学追求。特别是在当今物欲横流的社会，相关的城市规划师会在企业家和政治家多方利益的推动下，使自身的职业素养在某种程度上出现偏离，为了自身的利益诉求，而违反职业道德和社会道德。

开发商的利益诉求。从根本上来讲，城市发展的投资者和财富创造者就是开发商，这样的群体，借助自身的资本优势使自身在城市发展的进程中具备让人难以企及的话语权力，从他们的角度来看，规划师只是具备着某方面职业素养和技能的从业者，对于土地的规划，其本质来讲是一种政治过程和经济较量，他们认为这应该要由政治家和开发商来共同决定，然后在规划师的技术帮助下进行论证，并在图纸上呈现出来。所以，在某方面来讲，没有足够健全的监督机制和法制制度，大部分开发商为自身利益服务，对公共利益造成十分恶劣的损害。针对开发商的利益诉求，政府相关方面要有针对性的采取切实有效的措施，使他们能够在最大程度上有效的规避自身的属性劣势，而让其价值得到最大程度的发挥，形成经济效益、社会效益和生态效益的多赢局面。

二、对城市规划管理进行改进的措施

积极促进城市规划信息的公开透明。只有在根本上切实有效地把城市规划信息进一步

有效公开，让城市的规划管理在大众的监督之下进行，才能在最大程度上有效降低暗箱操作的行为，使各类城市规划信息能够在体制的约束和市民的监督下进行，使自身的权威和决策性能够与民众的民主性有机结合，在制度的维护下，让相关信息更加公开透明，使百姓的利益得到维护。政府方面要切实有效的考虑到自身的公信力，在出台相应的城市规划之前，就要征询各方的意见，广泛征求各方利益群体的建议。

进一步拓展和优化公众参与机制。为了在最大程度上提升城市规划管理的质量，就必须有效获得公众的支持，进一步优化和健全公众参与机制，进一步拓展公众参与的渠道和相关的途径，使公共利益得到最大程度的保障和促进，从根源上杜绝腐败问题的产生。针对这样的情况，就需要通过形式多样的公众论坛让普通的百姓能够借助合法有序的手段，让自身的利益诉求得到充分表达。针对不同层面的城市规划内容，要有针对性的构建起不同层次的论坛，以个性化的形式来吸收群体的意见，在最大程度上有效规避无关于自身利益的公众也参与进来，避免公共选择过程趋向于复杂化。

进一步优化和完善城市规划管理委员会机制。现阶段，有很多城市的规划编制的决策权主要是在书记、市长和相应的规划专家手中，在很大程度上是一种闭门造车式的城市规划，甚至有很多城市规划管理者为了自身的利益，接二连三的会弄一些"换届工程""形象工程""政绩工程"，往往对于城市规划的内容进行再三的修改，以满足自身的利益。为了切实有效地维护公众的利益和避免城市规划的随意性，就需要切实的优化和完善城市规划委员会制度，让相关的实践活动和行为操作都在制度的笼子里开展，让所有的行为都可以按照相关的规定和规范真正做到有法可依、有法必依，以制度来引领行动，让权威性保证行动的方向性，确保各项具体事务能够按照科学合理的规划进行。

对城市规划机构要进行切实有效的监督。在城市规划管理的过程中，规划机构通常情况下都是汇集准立法权、执行权、自由裁量权和准司法权于一身。通常情况下，在开发商的利益驱使下，相关的规划部门和对应的官员极其容易产生腐败的问题，以权谋私，使城市规划在很大程度上违背公共利益。针对这样的情况，需要切实有效的对城市规划管理机构进行有效监督，其途径主要有以下三个方面：①完善政治监督。要从根本上有效优化人大监督、司法监督和纪检监督。②加强社会监督。有针对性的借助社会舆论、公众参与监督，使城市规划管理部门能够在根本上依法行政。③行政监督。切实有效的通过监察、审计等内部监督机制，使城市规划管理机构能够进一步规范运行。

综上所述，针对多元利益视角下的城市规划管理进行深入细致的剖析和论述，对城市规划更科学合理的运行是十分必要而且重要的。在对城市管理过程中，要使不同群体的利益诉求都得到充分满足，在推动城市发展的同时，又确保民生能够实现，需要在不断的实践探索中，切实有效的协调各方的利益，有针对性的认清当前存在的问题，使各项有效措施能够贯彻落实。

第五章　城市规划管理的基本模式

第一节　城市规划用地管理模式

在人口不断增多的情况下，城市用地非常紧张，尤其是公共用地、工业用地等占城市用地的很大比例，为促进城市不断发展，规划用地管理是现阶段城市管理的主要任务。围绕城市规划用地建设展开相关讨论，对建设用地特征进行总结，探析目前城市规划管理中的问题，结合城市管理现状，依托互联网构建新型管理系统，完善各项管理制度，创新用地规划管理模式。

城市规划过程中，用地基本分3类：纯公益性质的用地，如国防、军事、学校等用地，服务全体社会成员；准公益性质，如廉租房、机场等用地，服务于社会部分成员；非公益性质用地，包括私人住宅、商业用地等，只对特定人群服务。无论土地属于哪种性质，只有不断地创新管理模式，才能让城市土地资源的价值充分发挥。

一、城市规划用地特点探析

空间拓展性。空间拓展性特征在中小型城市尚不明显，但在大城市充分显现，特别是城市中心区土地，单价较高，且土地功能被不断扩展。在规划地上建筑时要将每寸土地进行充分利用，在垂直方向上不断扩展土地空间，一般市中心都会建造高层建筑，低层作为销售、餐饮用途，高层作为企业办公场所，有的楼房整栋供人们居住。为缓解土地资源紧张现状，地下空间也被挖掘，以购物广场、餐饮为主，有些作为娱乐场所。由此可见，城市用地具有较强的拓展性。

逆转困难性。城市起初基本都是农村，通过规划修建道路，盖起高层建筑，逐渐发展成高楼林立、车水马龙的城市。农村城市化就是对土地稍加改造就能向城市方向发展，但建成后的城市若想回归农村原始生态，其难度巨大。钢筋混凝土、工业生产等对土地造成不可逆转的破坏，土地想要恢复原貌难上加难。为避免这一问题，土管局进行土地规划时会严格控制农村土地占用量。

生态强度降低。城市与农村在土地资源利用方面的土地功能不同。农村用地以种植农作物为主，且农民不同季节播种作物不同，经过翻耕、除草及施肥等，土壤肥力升高；农作物属于绿植，对改善空气质量有很大帮助，农村用地与生态建设理念相吻合。城市用地以建设地面建筑为主，满足人类住房、生产等需求，土地规划以挖掘其承载功能为主，尽管在道路、小区周边栽种植物，但绿化面积远小于建筑面积，生态净化能力减弱。

二、城市规划用地管理模式缺陷分析

规划项目细化研究不到位。城市用地规划包括多方面，且每个项目都具有较强专业性，公共设施、小区建设、工厂建设等都属于土地规划内容，项目不同其特点、占用面积等都存在差异，各部门需分工合作，对单个项目进行细化研究，才能协调土地规划中存在的矛盾。通过实际调查发现，土地规划工作并未按相关标准进行，很多编制工作只是搭建了框架，细节性规划并未落到实处，导致土地使用过程中出现用地冲突现象，还有的城市直接借用其他城市的土地规划管理模式，并未结合城市实际发展需求，管理模式与城市发展不协调，土地价值未能充分发挥。

公共设施规划不合理。随着城市化进程的不断加快，大量人口涌入城市，城市容量超出负荷，因此土地管理部门通过各项措施，不断的扩充城市容量，如增加建筑层数满足人们住房需求，扩大学校规模为更多学生上学提供便利等，但只解决城市建设的部分问题，车位少、运动场馆不足等问题仍然存在。公共设施规划较凌乱，缺乏全面规划意识。

土地征收管理矛盾突出。目前我国的城市建设正如火如荼地开展，但土地规划管理过程中，土地管理问题较多。

土地获取途径单一我国土地管理法中规定，城市建设用地一方面通过征收私有土地获得，另一方面是使用国家存储土地。但很多城市在进行用地规划时，往往只采用征收策略，仅凭单一征收方式，城市扩建存在较多阻碍。

不能严格的控制征收范围土地资源宝贵，征收的土地归地方政府所有，征收土地量远超出城市建设用地量，大量土地被地方政府囤积起来，影响土地资源的正常分配。

农民利益受损土地是农民生存的根本，城市规划征用土地后，农民失去稳定的经济收入，务农为主的经济来源被切断，农民很难在城市中生存。采取货币补偿方式，受补偿者面临货币贬值风险；有的地方政府考虑自身利益，按照国家最低标准进行征地补偿，严重损害农民利益。

三、某市用地管理新模式探析

管理现状分析。如土地管理方式一直沿用传统方法，在土地功用、测绘等数据量不断增加的情况下，城市用地管理工作量加大，传统管理方式逐渐显现弊端。基础性土地资料查找不便，实施"一书四证"管理模式，每级审批都需对上一级审批工作进行整理分析，层层整理易出现数据错误，审批发证时间滞后。此外，人工统计数据量增加，各级部门间信息传输闭塞，领导无法实时接收管理动向，汇报管理情况多为口头汇报，管理透明度较差。

构建新型管理模式。管理部门将互联网技术引进到管理工作中，Arc/Info、Oracle 等软件融入土地管理系统，利用小型机建立城市土地监测站，并构建局域网络，将城市土地资料分层存储在数据库中，如基础地形、地下管道分布等资料，同时依托 GIS 技术开发相应管理系统。为保证规划用地管理的透明度，将"一书四证"管理模式放到信息系统中，实现逐级审批、三位一体的信息化审批制度。在信息化管理基础上，结合现存管理问题，对各项管理工作进行如下优化。

完善项目编制实行管理公示制度，各类用地规划都要在网站进行公示，公示内容包括：各部门需要履行职责；用地规划的法律法规；审批制度公示；对不落实管理职责的部门进行问责；面向群众公示举报电话，随时举报土地规划中出现的不合理现象。此外，落实各项监管政策，保证土地规划中的各项细节性工作落实到位。

利用先进技术辅助用地规划构建 BIM 信息管理层，不同人员在线同时进行地面设施设计，上传到数据库后相关软件合成虚拟规划模型，然后进行碰撞检测，观察用地设计中是否存在冲突，及时调整设计冲突，保证后期建设的顺利进行。利用 GIS 技术对文档数据进行处理，再加上其他技术辅助，用户办公时能从数据库中直接找到文档资料，实现数据、操作界面的无缝连接。在模型操作界面提供菜单、参数，更改等各种图标，让管理者根据设计需求对参数进行优化调整，GIS 系统还支持对历史数据进行查询。在各类技术的辅助下，公共设施建设可先在计算机上模拟运行，优化冲突位置，公共设施设计逐渐向一体化方向发展，方便人们日常生活，充分发挥土地功能。

缓解土地征收矛盾利用先进的监测网络，对城市空闲土地资源进行扫描，优先使用城市存储土地进行相关建设，在此基础上按照城市规划量合理征收土地，改变城市用地规划单一的局面。利用网络大数据，整理国家土地征收标准，严格执行政策；利用数据计算系统初步确定需征收的土地范围和方位，不盲目征地，征地工作须计算上报上级主管单位，切实保证农民利益。对于必须征用的土地，要和土地拥有者做好协商，根据农民要求，尽量在土地补偿标准范围内，给予最大补偿，并为其长远生活考虑，可为农民提供就业岗位，如小区管理、保安等，让被征地者有稳定收入，消除其后顾之忧。

实现联网图文查询各省市办公网络相互连通，且城市中遍布监测装置，地区土地资源通过网络传输，向中央土地管理部门实时传送，有效地避免当地城市用地规划的不合理现象。土地数据全部集中到系统数据库中，实现对城市土地资源的集成管理；各职位人员获取资料权限不同，保证核心资料的安全性。规划审批过程可联网异地操作，缩减纸质文件来回运输时间，审批流程迅速。用地申请、审批等流程全部在同一平台上完成，申请者登录申请界面，平台直接将资料传输到审批系统，管理者在线审批，省去跨平台操作、降低数据丢失风险。

针对城市规划管理存在的问题，对管理模式进行全面优化，并将先进的互联网技术运用到管理工作中，实现全方位信息化管理，城市建设用地规划更合理，土地管理部门工作效率明显提升，土地利用率也将有所提高。

城市化是现代社会的主要发展方向，在生态文明建设理念的影响下，土地合理规划尤为重要。网络技术是城市建设的助推剂，只有处理好用地过程中的各方矛盾，城市建设就是成功的。以上是对城市用地规划管理新模式的探索，城市建设必须和生态理念相契和，才能构建环境友好型城市。

第二节　紧凑型城市绿地规划模式

　　阐述了紧凑型城市的内涵和紧凑型城市的核心理念，以及紧凑型城市对城市绿地规划模式的要求，论述了传统城市绿地规划的理论与模式，从宏观、中观、以及微观层面对紧凑型城市绿地规划进行探讨。

　　紧凑型城市是一种可持续发展的城市形态，也是诸多城市形态当中最具有可持续性的城市形态。紧凑型城市是城市经济、城市环境以及城市社会三者的协调发展，而其中，城市的生态环境更是紧凑型城市发展的重要内容之一，因此作为城市环境重要组成部分的城市绿地系统则受到了社会各界的广泛关注。

一、紧凑型城市内涵及其核心理念

　　紧凑型城市的内涵。紧凑型城市当中的"紧凑"，其核心的意义是指在同样类型的形式当中占据较小空间，其讨论的重点集中在城市的形态以及城市可持续性的关系。紧凑型城市的本质是利用较少的土地提供更多的空间，并承载更多的高质量生活。这一概念的提出，符合现代人对于生活的高效以及高质的追求。

　　紧凑型城市的核心理念：

　　（1）土地集约化利用。在紧凑型城市当中，用地矛盾是最为首要的问题。因此，将土地集约化利用，可以有效发掘城市土地资源的潜力。但对土地集约化利用，并不等于对土地进行高强度的开发，而要对土地在高效利用的基础上进行节约利用，这就需要对土地进行多维度的使用，或者对土地进行一地多用。

　　（2）紧凑的交通网络。紧凑型城市当中的交通网络，倡导公共交通优先，公共交通在紧凑型城市当中的利用，能够有效地促进土地的集约化利用。

　　（3）紧凑的城市形态。紧凑型城市鼓励形成多中心的发展模式，城市发展的边界，应控制在城市的边缘区之内，这样能够有机整合并协调发展城市的空间功能结构和公共交通系统。城市的内部空间结构，应能够对城市的居住、休闲等多种功能进行平衡。

　　紧凑型城市对于城市绿地规划模式的要求：

　　（1）城市绿地规划模式要能够维护城市建成区空间形态，避免城市建成区空间无序蔓延。通过对城市绿地规划和建设，利用绿地的反作用力来限制建成区的扩张，从而分隔各建成区。

　　（2）城市绿地规划模式要能够构建点、线、片互补型绿地系统格局，通过对城市绿地斑块、绿色廊道、楔形绿地等的规划和建设，构建城市绿地系统的总体格局。

　　（3）城市绿地规划模式要能够建立公平享有大型城市户外休闲的系统。城市的内部需要公共绿地来提高生活环境，需要通过大面积引入城市外围的自然环境，城市的外部需要建立城郊公园，为居民提供接近自然的机会。

（4）城市绿地规划模式要能够切实确保城市生物多样性。通过城市绿地规划和建设，为生物多样性提供充分保护的生态场所，构建生物与自然环境相互作用的城市生态系统，实现人与自然和谐相处。

三、传统城市绿地规划理论与模式

城市绿地系统是指城市建成区或规划区范围内，由城市中各种类型和规模的绿化用地组成的具有较强生态服务功能的绿色斑块、廊道系统。城市的环境，是一种高度人工自然的体现，同时，城市的绿地和环境也是一种高度开放的系统。城市的绿地以及环境能够有效地改善民众的生活质量，是城市发展中重要的组成部分。城市绿地规划就是源于居民对于自然的要求，追求可持续的发展观念，从而表现出对现代城市的反思。

历史上，工业革命在给城市带来财富的同时，也恶化了城市的健康环境。在近现代西方的研究理论当中，产生了一系列的城市绿地规划思想，都给如今城市绿地理论的发展提供了契机。其主要的理论有：马尔什提出的"人与自然正确合作"理论，强调应大量增加公共绿地；奥姆斯特提出的"城市公园以及公园体系"，强调应将公园融入城市规划，要让人与自然结合；在马塔提出的"带型城市"当中，则说明应使得城市沿交通轴线发展，而外围辅以绿地；霍华德提出的"田园城市"理论，则对于用绿地进行城市功能区分、城乡结合进行了主要的梳理；格迪斯提出的"进化中的城市"理论中，强调应进行区域规划思想，并对城市进行生态学的研究；勒·柯布西耶的"明日城市、光明城市"中则指出，应建造集中主义城市，并在城市当中多建超高层的建筑物，开发城市当中的地下空间，扩展城市当中的绿化用地。

我国对于城市绿地系统规划的研究较晚，在建国之前，我国的绿地很少，大多数为私家园林，因此对于绿地的研究也相对很少。而在建国之后，随着对绿地规划建设的不断重视，我国的城市绿地系统规划研究快速发展，并在 20 世纪 50 年代提出了"大地园林化"的概念，80 年代提出了"山水城市"的理念，而近 20 年，又提出了"大城市布局结构"的新理论。总的来讲，我国的城市绿地规划模式在不断地改变，这其中，一方面有着西方文明的影响，另一方面也有基于我国国情的摸索与创新。

四、紧凑型城市绿地规划模式探讨

宏观层面——城市用地控制。从相关的文献统计中可以看到，一般的城市当中，绿地的比例只占城市整体面积的 7% 左右，这说明我国城市当中的绿地率较低，与高品质生活的紧凑城市相距甚远。从宏观发展的角度考虑，可以转变用地模式来改善这一情况。在城市土地有限的情况下，可以从发掘空间资源等方面来入手。一方面，要强调城市的立体空间开发，另一方面，也可以加密城市已建成的区域。通过空间立体开发或者是盘活城市土地资源，增加城市绿地的用地面积，改变城市平面化布局，是创新绿地规划模式的探索之一。

中观层面——环城绿带设置。环城绿化隔离概念，可以追溯到霍华德经典的"田园城市"理论当中,在霍华德的理论当中,利用农田环抱城市,这种理念的目的,是为了限制城市的蔓延,使城市的边缘可以得到有序的发展。到目前为止,城市绿带指的是城市周围的绿色植被带,是城市廊道中的一种。目前,城市绿带已经得到了广泛的应用,城市绿带能够将城市与自然生态进行结合,并促进城市的可持续发展,构成城市发展的空间骨架,而作为紧凑型城市格局的保障之一,城市绿带也可以控制城市的无限扩张。

微观层面——立体绿化。立体开发城市用地,可以增加绿地用地面积,而立体绿化也是其中一种有效方式。所谓立体绿化,是指充分利用不同的立地条件,选择合适的植物,使其能覆盖各类建筑物、构筑物的绿化方式,也就是说,利用除了地面以外的空间来进行绿化,比如墙面绿化、棚架绿化、阳台绿化、屋顶绿化等,可以有效的增加城市绿量,丰富城市绿化景观形式,改善城市生态环境。现如今,立体绿化通过更加人性化的设计,能够满足绿化的多维性,并节约土地,实现城市可持续发展。

当前,在有限的城市建设用地情况下,绿地越多,可开发使用的建设用地就越少。同时,绿地建设和维护需要持续的人力物力投资,城市运营成本也会大大提高。因此,紧凑型城市绿地逐渐受到人们的关注与重视。现代城市绿地规划建设,已不再是简单追求扩大城市的绿地面积、提高绿地率、绿化覆盖率,而是逐步突破了传统绿地规划模式,更加重视绿地系统的生态效益和景观艺术水平,注重通过高效、集约化利用有限的土地,采用多种绿化方式,运用植物的多样性对原有自然生态系的维护与共生,使人与自然和谐共处,促进城市可持续性的健康发展。

第三节　城市规划档案检索利用新模式

随着信息化建设发展的日趋成熟,无论在城市规划领域还是在档案管理方面均已全面实现了信息化。本节笔者根据工作实践,与大家共同探讨城市规划档案检索利用的新模式——空间查询模式。

城市规划是以地理空间信息作为其设计与管理的基础,对一定时期内城市的经济和社会发展、土地利用、空间布局以及各项建设的综合部署、具体安排和实施管理。按照城市总体发展要求,对城市进行规划编制和设计,形成反映城市未来建设和发展的图形和文字资料称为城市规划档案。近年来,随着信息化建设发展的日趋成熟,无论在城市规划领域还是在档案管理方面均已全面实现了信息化。但面对日新月异的城市建设和信息化建设,城市规划档案如何与时俱进才能为城市规划指导城市建设提供科学决策依据?本节探讨城市规划档案检索利用的新模式——空间查询模式。

一、空间查询的概念及查询方式

空间查询属于空间数据库的范畴,一般定义为从空间数据库中找出所有满足属性约束条件和空间约束条件的地理对象。在地理信息系统中，空间查询指对空间对象进行查询和度量。空间查询不改变空间数据库的数据，不产生新的空间实体和数据，只通过属性查询和图形查询来回答用户的问题。

空间查询有两种查询方式：属性查询和图形查询，同时也可以实现双向查询，即"属性查图形"和"图形查属性"。

属性查询是根据一定的属性条件来查询满足条件的空间实体的位置，是基于实体的属性信息进行查询，与一般的数据库查询相同，只不过最后查询的结果需要与图形关联。属性查图形，主要是用 SQL 语句来进行简单和复杂的条件查询。如在北京市总体规划图上查找北京西站地区历年所规划项目，将符合条件的规划项目属性与图形关联，然后在规划图上显示给用户。

图形查询是另一种常用的空间数据查询，是根据图形的空间位置来查询有关属性信息或者实体之间的空间关系。用户只需利用光标，用点选、线选、框选等方式选中感兴趣的地域，就可以得到查询对象的属性以及其他所需要的信息。图形查属性，可以通过点、矩形、圆和多边形等图形来查询所选空间对象的属性等其他内容。查询的结果可以通过多种方式显示给用户，如高亮度显示，属性列表和统计图表等方式。

二、城市规划档案的特性

随着信息化技术的发展和成熟，城市规划设计技术手段得到了改善和进步，从最初的人工绘制图纸到信息化初级阶段运用的 AutoCAD 技术到目前大量基于 GIS 技术的智能化手段。城市规划设计方法的改变带来了城市规划档案的更新和改变，城市规划档案从内容、形式及其利用等都发生了很大的变化。

城市规划中 CAD 系统、GIS 技术的广泛应用对城市规划档案的影响。计算机辅助设计（CAD）系统是应用于机械工程、电子、建筑和化工诸多领域进行制图设计的图形处理软件。目前，在城市规划设计工作领域中已普遍采用 CAD 技术进行规划设计工作。CAD 技术的应用，改写了过去完全依靠人工野外测量、数据采集、图形绘制的历史，提高了信息采集、整理和再加工的自动化和智能化程度，大大的提高了规划设计的效率。

地理信息系统（GIS）技术是以地理空间定位为基础，结合各种文字、数字等属性进行集成处理与统计分析的通用技术，是城市规划和管理的重要手段。GIS 是城乡规划日常工作的工具，它既是数据库，又是工具箱，具有数据更新快捷、空间范围实时直观等特性。GIS 在城市规划中的广泛应用，既实现了城市规划的直观和理性，又提高了规划的公众参与性，是城市规划信息时效性的保证。

城市规划编制和设计过程中新技术的使用，实现了数据的数字化，数据的获取也变得更加容易，为规划设计工作提供了方便、快捷的方法。城市规划档案随着新技术的应用也发生了变化。首先，规划档案的内容发生了变化，CAD 技术代替了人工绘制的纸质规划图纸，大量的 CAD 格式图纸和现状照片得到了保存，档案的内容得到了丰富。其次，档案的利用也有了新的要求。随着新技术的进步，档案的利用方式不再局限于纸质档案的查询，而对档案的数字化查阅、远程查阅等提出了要求。第三，规划档案的空间特性显现出来。城市规划主要解决城市资源和城市基础设施在城市空间中的合理分布，因而着重对于城市空间的描述和表达。GIS 技术的应用使城市规划档案的空间特性显现出来。第四，新技术的应用，对档案信息的挖掘提出了要求。在规划编制设计过程中，规划师对规划档案的利用要求不仅是案卷目录信息，而希望提供相关数据的统计及利用。

城市规划档案数据的特点。城市规划是以地理空间信息作为其设计与管理的基础，城市规划档案多以 CAD 格式、图片或文字表格形式存取和组织，它作为一种专业技术档案具有以下特点：

（1）内容丰富。城市规划档案包括总体规划、分区规划、控制性详细规划和修建性详细规划、各专项规划及基础设施规划等。其内容十分丰富，包括城市基础地形图、市政综合管线图、各项规划编制成果（包括总体规划、分区规划、控制性详细规划、专项规划、修建性详细规划等）、各类报批方案（包括总平面规划方案、建筑设计方案、市政设计方案、施工图等）。

（2）图形数据多。城市规划档案中涉及大量的空间图形数据，有各种比例尺的基础地形图、用地红线图、选址红线图、影像图、现状图、土地规划图等等。另外，还有各种空间定位控制数据、各种航空与遥感影像数据、地名数据等。

（3）有空间特性。城市规划需要全面、综合地安排城市空间，合理利用土地，是一个与空间位置密切相关的信息获取、管理与服务的技术体系，与空间地域、空间组织、空间范围等密切相关。城市规划档案作为城市规划编制的保存记录，也保留了城市规划的空间特征，档案信息以空间方式表达和利用。

三、空间查询模式的利用

为提高城市规划档案的查询利用效率，针对城市规划档案数据的特点，引入空间查询模式。

首先，空间查询系统的构建是实现查询的前提，它是基于遥感影像地图和 GIS 数据为基础而开发的工具。对档案管理人员而言，系统的构建更多地依赖于信息开发人员。

其次，档案数据的处理是实现查询的基础。空间查询作为一种空间位置查询方式，相关空间信息是数据基础，即任一卷城市规划档案都要有一个项目空间信息的描述，系统将据此描述进行检索和查询。对于 dwg 格式的档案，空间信息登记的方式相对比较简单。依据位置示意图，在 CAD 系统中新建图层及项目界，执行 pl 命令，通过多段线的方式绘出对应档案的项目界限，然后进行档案号、档案案卷名称等相关信息的登记、入库，完成该档案的空间信息登记。对于无 dwg 格式的档案，可以参照位置示意图，在谷歌地球上找到对应区域，绘制项目边界得到 KMZ 文件，经过格式转换和坐标转换后登记档案号、档案案卷名称等相关信息，通过 ArcCatalog 入库完成空间信息的登记。

第三，制度的完善是实现空间查询的保障。空间查询的实现，还要完善相关的《电子档案的归档要求》《档案的借阅利用制度》等制度。在电子档案的归档要求中，为完成对档案项目边界的划定，需要强调档案的数据与元数据规范，强调数据的归档格式和要求，明确元数据文件中关于项目边界图层的具体要求等。在档案的借阅制度中，要完善空间查询的相关要求等内容。

空间查询模式可以根据查询要求在空间地图上迅速定位，在规划档案以街区、地块等空间方式命名时更快速地检索到，可以查询同一位置不同命名方式的所有档案，可以有效地提高档案的查全率和查准率。在城市规划档案的查询利用中，空间查询与关键词检索相互补充、各取所长，更好地提高规划档案的利用率，促进规划编制研究数据、信息资源间的有效利用和共享。

面对日新月异的城市建设，城市规划档案作为城市规划的依据，唯有实现高效的利用，实现方便快捷的信息查询、数据统计与空间地理分析，才能发挥自身的信息价值。城市规划才能更好地服务于城市建设，从而指导城市健康有序地发展，发挥城市规划作为城市建设先行者的作用。

第四节 中小城市城乡规划管理模式

当前我国正处于文化与经济疾速发展的上升阶段，在这个过程中，中小型城市城乡规划管理的问题也逐渐受到了人们的重视。本节主要针对中小型城市城乡规划管理模式优化的问题进行研究，首先对中小城市城乡规划管理进行了概述，接着列举了中小城市城乡规划管理过程中的常见问题，最后针对这些问题分析了相应的解决方法。

一、中小城市城乡规划管理的概述

城乡规划管理的基本模式。随着社会经济持续稳定的发展，在目前市场经济的大背景下，规划与市场已经成了政府用来对城乡发展和建设进行调控以及配置资源的主要手段。对城乡规划区域内的空间利用进行控制及引导、对不同的空间制定出相应的利用准则、标准以及措施，这就是城乡规划管理工作核心所在。就目前来看，城乡规划管理的模式主要包括三个方面，即实施、审批以及监督，其具体表现为：地方政府对编制城市及所在地的城市规划进行组织和管理，具体的规划及总体的规划由县级、城市及省人民政府进行审批，经通过后进行规划许可，即发放相应的文件及证书，在规划过程中由专门的部门对执行情况进行检查和监督。

城乡规划管理的基本特性。随着改革开放的推进，我国的城市化建设取得了巨大的成果，城市化的规模得到了迅速的扩大，相应的城市结构也得到了惊人的变化。但与此同时，我国的城市发展也在面临着极大的复杂与矛盾等方面的挑战。

城镇规划管理的特殊性。据相关资料表明，目前在我国，相较于大型城市来说，中小型城市在人口、面积以及数量等方面都占据了相当大的比例，因此，想要合理提高我国的城镇化水平，促进各个城市之间的优势互补以及有序分工，首先要做的就是将发展中小型城市作为核心目标，并对其规划管理进行深入的研究，从而促进各个城市能够持续协调、健康和稳定地发展下去。在城乡规划管理工作的过程中通常都会出现某些矛盾，相对来说比较复杂，总的来看，相关政府部门的工作难度比较大。目前来看，我国更偏向于大城市的建设和发展，在中小型城市建设中的资源投入还不够，因此导致中小型城市长期以来处于城乡规划管理的实践与理论研究存在一定出入的现象。

城镇规划管理的社会性。依照当前来看，我国大部分地区城乡规划管理工作相对于中小型城市的发展来说比较滞后，存在规划的重点没有被突出、思路并不清晰以及最终的效果不明显的现象，没有将城乡建设发展过程中真正需要解决的问题摆在中心位置。同时，各个部门和机构之间还存在不能很好配合的现象，极易造成混乱的建设布局，从而导致仅有资源的浪费，整体的管理和规划能力都比较薄弱。此外，如今中小型城市的规划管理逐渐表现出与现代文化需求不相符的现象，在实际情况下，公共设施以及基础设施的建设标准普遍较低。与此同时，相较于大城市，中小型城市内的市民在维权方面的意识比较薄弱，因此在规划管理过程中往往会将公众参与这一项内容忽视，从而给规划的最终实施带来一定的阻力。因此，对于中小型城市的建设规划管理，相关部门应准确抓住问题的核心所在，并针对问题提出有效的解决方案，实现对中小型城市城乡规划管理模式的优化。

城镇规划管理的时代性。构建和谐美丽的城乡区域，促进该地区的可持续发展，以及确保公众利益能够得到有效维护是一切城乡规划管理工作的最终目的。改革开放以来的几十年里，我国的城乡规划管理的队伍不断在扩大，相关的管理职责也在不断被明确，建立了相对完善的科学体系，总体来看，我国的城乡规划管理工作正在逐步走向正轨。随着社会主义市场经济不断被健全，全面深化改革不断被实现，新型城镇化规划管理的模式在实践与理论中也在不断被完善。但与此同时，在实际的实施过程中，这种管理模式将会逐渐面临规划建设的不断重复，此外还可能出现资金不足、缺少相关的保障机构以及有可能会损害到公众的利益等一系列的问题。

二、中小城市城乡规划管理过程中的常见问题

缺乏公众参与。随着民主化政治的不断发展，各地的政府已经赋予了公民参与到城乡规划建设中来的权利和机会，但目前来看，公民参与的情况在很多时候往往只能流于表面的形式，在真正的规划管理以及编制体系中还并没有把这一项正式纳入到其工作中。尤其在中小型城市中，这种现象尤为普遍，当地政府往往采用自上而下的管理模式，由政府对大小事宜进行主导，这种模式使得公众的意见无法被有效传达和采纳，然而在一些发达国家例如美国和英国，公众明显具有更高的参与权。因此，在中小城市城乡规划管理的过程中，缺乏公众参与这一问题还有待解决。

地方特色无法很好地被体现。目前在我国大部分中小城市的规划管理过程中，都将区域中心城市以及打造成现代化的大都市作为其规划的最终目标，他们总是不断照搬大城市的城乡规划管理模式，这就造成了该地区的地方特色被湮没，使得城市自身的历史脉络被

隔断，地方文化特色无法很好地被体现出来。作为促进国家全面发展的一种行政手段，城乡规划应该要做到结合实际环境，因地制宜，尤其是在中小型城市，更应该突出地方的民俗文化以及其传统特色。

缺乏完善的规章制度。我国出台的《中华人民共和国城乡规划法》明确指出了城乡规划的基本法则，但从某种角度来看，这部法则并不能将所有细节进行明确的设定，而只是做出了整体的原则性规定，因此就需要各地区政府对相关的具体事项进行明确详细的规定。然而目前在我国虽然有相当一部分的省市都已经对其省域内的城乡规划进行了编制，但是其配套的实施办法普遍会出现滞后的现象，因此会导致相应的城乡规划在具体的实施过程中无法将责任和目标分配清楚，从而造成相关的中小城市在城乡规划管理过程中受到一定的阻碍。

三、中小城市城乡规划管理模式的优化方法

建立健全相关的管理机制。在中小型城市规划管理的过程中，首先要做到建立并健全相关的管理机制，从而使城市规划管理的有序展开能够得到保障。在管理机制的建设过程中，政府应针对城市区域建设对专门的管理部门进行设立，与此同时，应根据中小城市的实际情况设立相应的工作部门，并根据该地区的自身特点做出其特有的管理办法。

加大资源的投入量。城乡规划管理是一个相对来说比较复杂的过程，在这个过程中需要一定资金投入的支持才能顺利进行。在规划建设过程中，想要追赶上其他城市的步伐，对于中小型城市来说需要付出极大的代价及努力，因此，国家也应在资源投入方面对中小型城市的规划建设不断进行支持，从而促进各个城市间的共同发展。

鼓励全民积极参与。在中小型城市城乡规划管理的过程中，政府应不断地鼓励城市居民积极参与进来，加大相关的宣传力度，使城市居民能够清楚认识到城市规划管理机制的含义及意义。只有城市居民能够有效参与到城乡规划管理的过程中来，才能在真正意义上促进城市的建设和发展，这样一来，也能使中小型城市建设规划管理中的问题得到有效的改善。

综上所述，在中小型城市城乡规划管理的过程中，管理者应结合城市的具体现状，参考其他城市的成功案例，不断地吸取经验及教训，逐步实现城市建设管理的规范化，使各个部门在展开工作的过程中能够达到整体的统一，促进城乡规划管理模式的不断优化。

第五节 美英两国城市规划管理制度模式

美国、英国这两个国家在不同的政治、社会、经济体制下，形成了各具代表性的城市规划管理制度模式，其政府管理的影响力、地方行财政制度、市民社会环境等制度背景，以及规划管理的法律体系、行政体系、规划体系和实施机制等方面，都具有各自鲜明的特

点和代表性。以美国、英国为主要研究对象，通过分析比较两国城市规划管理制度模式的特点和差异，探讨国外经验对我国社会转型期城市规划管理制度建设的启示和借鉴意义。

随着经济全球化、市场化、城市化的快速发展，处在竞争最前沿的大城市面临着日益复杂的环境变化和巨大的发展压力。城市规划管理作为政府进行城市管理的重要手段之一，通过对各类城市开发活动的控制和引导，发挥对土地、空间等资源的市场分配机制的干预作用，从而起到促进社会资源公平分配、协调城市发展的作用。在社会转型期的背景下，计划经济体制下城市规划管理中利益一元化的主客体关系发生了明显的变化，政府与企业、社会之间，乃至不同政府部门和管理层级的各类管理主体之间对于利益的追求和目标的认识并不总是一致。随着土地、空间、住宅等资源分配日益市场化和个人产权意识的不断提高，建立在行政权力本位基础上的传统的规划管理体制已经难以适应社会经济多元化发展的需求，从而导致了宏观规划失控、微观管理失灵等种种矛盾和问题日益突出。这也意味着，在利益关系多元化复杂化的背景下，传统的城市规划管理体制的价值理念、制度体系和技术手段必须进行调整，新的价值取向和制度模式的逐步确立更需要通过政府、社会、企业的主体间有效互动，建立在全社会各阶层的广泛认可和共识基础之上。因此，探索建立适合中国国情和城市化发展要求的城市规划管理制度，已经成为公共管理学领域日益关注的重要课题。

作为社会治理和经济建设的重要手段和工具，在城市规划管理制度的形成和发展过程中，规划管理的基本理念、制度框架以及政策目标和手段的建立，无疑会受到来自政治制度、经济发展、社会结构与社会环境等一系列因素的重要影响，和经济社会发展政策的目标设定相联系。从政治制度的基本特征来看，民主政治的基本模式、行政管理的系统特征、地方行政的基本框架、政府间关系和职责划分、财政税收制度的结构特征等因素，都会对城市规划管理构成本质性的制约条件，对规划管理理念的形成和制度框架的建立产生根本影响。从经济发展的阶段特征来看，经济发展模式、产业结构的转型、经济景气状况和产业政策等因素会对城市规划管理的环境条件形成极大的冲击，从不同的角度对规划管理政策目标的建立和政策手段的选择产生重大影响；从社会结构和社会环境的角度来看，市民社会的形成和成熟、地方治理的社会环境、社会结构的转型等因素既影响着城市规划管理的基础条件，同时也引领着规划管理制度变革的基本方向。

西方发达国家自工业化和城市化初期开始，在经过了不同的经济社会发展阶段背景下的理论探讨和实践积累基础上，逐步建立了较为成熟而又各具特色的城市规划管理制度，在基本价值取向、规划管理体制特征、规划技术手段的体系结构、公众参与和社会监督机制等制度内容和实施运行机制等方面，都具有各自鲜明的特点。各国在不同制度环境条件下形成的不同制度模式及其在不同的经济社会发展阶段中管理理念、方法、运作机制的调整和转变，其理论和实践经验为研究中国城市规划管理制度模式的发展方向、手段和途径提供了极好的参照指标和借鉴对象。因此，分析研究西方发达国家规划管理制度的发展历程，总结其具有代表性的制度模式和运行机制，对于分析、研究中国现阶段城市规划管理中面临的重大制度性和政策性问题具有极为重要的借鉴意义和参考价值，有助于为研究中国城市规划管理制度和有效的运行机制提供重要的理论依据和实践基础。

本节以美国、英国为主要研究对象，把握两国不同的政治体制、地方行财政制度和社会环境等制度背景因素的影响。通过对规划管理的法律体系、行政体系、规划体系和实施机制等四个方面的分析，总结美英两国城市规划管理制度模式的特点和差异，分析城市规划管理的制度及其运行中不同的经济、社会、制度、技术等因素的相互影响，探讨国外经验对我国社会转型期城市规划管理制度建设的启示和借鉴意义。

一、制度背景

在美国，作为政府城市治理责任的重要内容，规划管理的行政行为和权限首先受到议会和司法机构的监督和制约。在地方自治的制度框架下，以州为单位的地方政府拥有独立的立法、行政和司法的权利，在城市规划管理中各地方的法律制度和管理方式、标准也根据地方各自的条件而决定，联邦政府对城市规划管理的指导和干预十分有限和间接。在地方财政制度方面，美国实行中央和地方对等的分税制，地方税以固定资产税为主要税源，由于城市规划管理极大的影响着固定资产价值，因此成为城市政府保证财政收入的重要工具之一。对于地方政府来说，土地利用的形态不仅对城市的发展及其所需的公共服务的成本费用起着决定性的影响，而且通过其对土地经济价值的影响和固定资产税的涨落左右着地方财政收入的多少。因此，在制定总体规划以及审查开发项目时，一个新开发项目可能带来的税收是否能够与该项目相关的道路交通、公园、警察、消防等公共服务的管理运营成本相平衡，往往成为地方政府考量的一个重要指标。另一方面，由于对个体自由的崇尚和对强权政治的抵制，美国社会和公众舆论对政府干预社会事务的接受度较低，因此，对于城市规划管理对私有财产的干预和约束程度的合理性的争议较多，经济社会环境对规划行政活动的制约作用较为明显。20 世纪 20 年代开始，作为美国城市规划核心内容的区划制之所以能在美国各地得以广泛推广，除了当时住房制度改革、城市美化运动的推动，使得城市规划作为一项地方政府的公共职能开始被社会广泛接受等因素外，区划制在维持和提高住宅与土地等私有财产价值方面的作用是最重要的原因，这使得区划制实际上成为私有财产，尤其是中产阶级私有财产保护的重要政策工具。

英国作为地方自治的起源国家，地方自治的传统根植于其多元化的社会结构和人文环境之中。虽然地方政府在对地方事务的治理中拥有较多的裁量权，有权根据地方的特点和条件进行独立的决策和管理，但同时往往也会受到中央政府的强力干预。自从传统的以固定资产为征收标准的地方税，改革为以家庭人数和住宅资产价值为综合标准的地方税之后，地方政府的权限受到了进一步的限制，世界上历史最悠久的地方自治制度发生着深刻的变化。与崇尚个人自由的美国不同，作为英国社会的传统之一，社会对于政府干预市场行为和社会事务的接受度较高，这一因素对战后英国福利型资本主义国家政策的形成和城市规划管理制度的建立具有极为重要的意义。尤其体现在政府通过城市规划管理制度的建立而对个人财产权进行的高度控制，以及在长期的经济衰退时期政府通过规划管理制度的调整而对城市开发的大规模的直接干预。在较为成熟的地方自治的基础之上，20 世纪 70 年代以来广泛开展的公众参与对政府管理模式和制度变革产生了极为重要的影响，城市规划管理制度的基础条件发生着深刻的变化。

二、规划管理法律体系

规划管理法律体系的特征主要体现在框架结构特点、功能作用和主要内容三个方面。

美国地方分权的体制下没有城市规划的国家法律，城市规划的法律体系主要由州以下的地方自治体层面的法律构成，包括州的标准授权法和地方的立法。州的标准授权法中仅对规划行政提出最低限度的要求，且不具有法律约束效力，规划的内容、形式乃至是否制定城市规划等问题均由地方立法自行决定，因此，地方立法在规划的法律体系中具有绝对的主导权。同时，规划诉讼案件的司法判例对规划管理的执行以及立法也起着十分重要的影响作用，往往成为对规划管理中原则性和合法性问题的最终判断。而在很长时期内都将影响着地方规划行政和管理实践的基本方向，司法能动主义和法院的主动行为成为行政监督和为权利人提供事实上的司法保护的重要因素。在这样的体制下，司法机构所拥有的权力对地方政府在城市规划管理方面的任意性和自由裁量权起着极大的制约作用。由于美国城市规划的实施主要依靠区划制，而没有独立的开发许可制度，所以其规划法律的功能和内容就更集中于规划本身，而不具备解决规划实施问题的作用，这与英国有着明显的差异。从框架特点和内容来看，以实用性为主、缺乏专业法律的系统性和连贯性、重视程序性规定、缺少规划内容的规范性规定、各地方的规划法律各具特色是美国规划管理法律体系的主要特点，而这些特点正是反映了美国高度地方自治的背景下作为地方事务的城市规划管理的基本模式。

与美国完全不同，英国以《城乡规划法》为法律体系的核心，以大量的法律性文件、行政指导性文件和地方法规为基础，城市开发、住宅等相关法律为补充和衔接，形成了较为完善的专业性法律体系。从法律体系的框架结构特点来看，从国家法律、大量的专业部门法规、详细具体的行政政策文件到地方法规以及相关领域法律，构成法律体系的四个层次，具有明显的系统性和完整性。从法律法规的功能、作用来看，《城乡规划法》作为专业领域的国家法律，其纲领性和权威性十分突出，而专业部门法规和法律文件则是对法律中具体的条款内容和执行细则进行规定、解释。政策性文件则是对具体的政策制定和实施的指导性说明和解释，地方法规是根据地方的实际情况和条件进一步对规划管理的执行和规则做出进一步的具体规定，相关领域的法律则从各自不同的侧面对规划编制和管理所涉及的各种权利、义务和规则做出相关的规定，从而形成对规划管理法律法规的必要补充，因此，各类法律法规各自的功能十分明确，又相互衔接、互为补充。从法律法规的内容来看，有关规划管理中各部门的职责和权限、规划编制的程序性规定，以及规划内容、控制标准、执行手段等技术性规定十分详细、具体、明确，而且不仅包括了规划体系内容的规定，也包括了规划实施的开发许可制度和规划实施手段等的规定。

三、规划管理行政体系

城市规划行政体系的特征主要可以通过对政府间关系、部门职责划分、决策程序与公众参与、检查、救济与协议机制等方面的分析进行把握。

美国规划行政体系的特点，首先是在地方自治的前提下，城市政府在规划决策和执行方面拥有较大的自主权，中央政府、州政府对于城市规划事务的干预和指导极为有限，主要通过资金扶持或金融税收等方式进行间接、灵活的引导。第二是在地方层面，立法部门、行政部门、司法部门三权分立，职责明确，形成了相互监督制约的关系。从职责分工来看，地方议会具有制定法律法规以及开发控制的原则性决定等立法权，规划委员会及规划局等规划行政部门通过规划审查对开发活动进行控制和引导，各级地方法院依据司法程序主要对规划管理中公私双方行为的合法性进行审查。从主体间关系来看，规划委员会的独立运行机制和最终决策权最大限度地避免了政治对规划决策的影响，但获得议会半数以上支持的条件下也可推翻规划委员会的决定，而且规划委员会的最终决策仍受到地方议会预算决策的制约。另一方面，通过法律内容和规划指标的规范化，减少概念性标准和原则的设定，使得规划管理过程中行政部门的裁量权受到明确的约束。第三，通过法律的参与权利保障和制度化的决策参与程序设计，以规划公示、听证会、市民投票表决等多样化的公众参与形式，使得城市规划行政部门拥有的有限裁量权受到严密监督。在对规划决定和相关行政行为有异议的情况下，主要是通过以行政委员会和议会为平台的行政救济制度来对异议和申诉进行调解和裁决。

在英国，一方面城市政府在规划行政方面拥有较大的自主权，但中央主管部门也通过制定法律法规、政策、执行标准等形式对城市规划行政进行强力干预、直接指导和严密监督。在城市层面，议会在规划决策和实施管理中都发挥着极为重要的作用，规划管理的主要决策都由议会做出，行政部门以为议会服务的形式开展行政活动。但规划行政部门在实施管理过程中拥有较大的自由裁量权，可以根据地方特点和实际条件决定规划控制的具体标准和形式，这一点与美国差别较大。同时，通过行政体系内部较完善的监察监督制度，规划行政部门也受到自上而下的严密监督，这也是其另一大特点，以监察厅和巡视员制度为中心的监督制度和以主管大臣审查为中心的行政救济制度在规划行政的实施中发挥着极大的作用；而司法审查却因为其重视私权的立场，在规划行政中的作用受到了一定的限制。在规划决策程序设计中，方案协商、规划公示、公开审查作为公众参与的三大重要环节，不仅使公众能够充分的参与到规划编制的各个阶段，同时也发挥了在规划决策之前最大限度解决争议的协议协商机制的作用。

四、规划技术体系

城市规划技术体系的特点主要体现在框架结构特点、规划的法律效力、规划灵活性和规划的功能定位等方面。

美国自 20 世纪 20 年代后期，联邦政府分别制定了标准城市规划授权法和标准区划授权法，总体规划和区划作为城市规划体系的重要内容得到了正式的承认。总体规划的功能主要有协调各种公共项目，作为各种规划管理手段的依据，明确未来土地利用的蓝图，对于各种土地开发活动和土地市场行为进行引导。总体规划的内容往往包括土地利用、交通设施、各种公共设施及公共开放空间的规划方案以及人力资源开发、经济发展、历史城市保护等，主要以概念性的政策说明为主。区划的功能主要是作为实施总体规划有效的、但非唯一的手段，内容主要包括土地使用类型、开发强度和周边影响限制等三个方面。因法律体系的影响，美国的规划体系具有层次结构单一、但功能内容明确的特点。从规划制度的层次结构来看，不仅缺乏区域性的宏观规划，而且总体规划的制定在很多城市也未普及，已完成的总体规划对城市开发的引导作用仍十分有限，真正发挥规划控制、引导作用的主要是区划制，因此区划制在开发控制中的实用性功能十分明确。由于美国区划的内容、形式和标准完全由地方议会决定，可根据当地的情况制定相应的控制种类、控制标准、用途控制和体量控制的对应关系等。区划的内容，尤其是指标体系和控制标准的规定十分详细，通过体系化、规范化、标准化的规划指标系统，来完成对开发活动的控制和引导，保证政策目标的有效实施，是美国区划制的主要特点。这一特点也同时反映出美国城市规划管理制度设计的一大原则，即通过规范、系统的管理工具的运用，限制行政人员的自由裁量权，以避免行政执行中的随意性，防止权力的滥用。

英国规划体系的结构层次主要包括了宏观的结构性规划（structural plan）和地区性规划（local plan）这两个层次，分别与郡——地区的规划行政体制相对应。从功能划分来看，结构性规划的作用在于明确相对宏观的区域范围内城市开发和土地利用的基本政策和开发控制的方针，为地区性规划提供依据和框架，而地区性规划则更多地着眼于为本地区内的开发提供土地利用规划等政策性指导。规划指标主要包括位置、用途与密度三大基本要素，以及地区所需公共设施的种类及水平指标、建筑形态设计、特殊地区的高度控制指标等，但这些规划指标并不是强制性指标，而是作为规划审查中规划人员与开发商交涉时的起点，在制定时已经留有余地，也允许在实际执行中有所变动。此外，规划人员与开发商协商时，为争取更多的社会公益也会提出的一些非统一性的机动性规划要求作为附加条件，如公共开放空间、交通类设施、福利性设施等。与美国的区划相比，从内容、形式来看，英国城市规划的政策性特点十分突出，而并不强调规划指标的应用性和可操作性，在规划指标的体系化和标准化方面并没有规范系统的要求，但这一特点正是以具有较高自由裁量权的规划行政体制为核心而运行的。可以说，以规划行政的自由裁量权为基础，来推进城市政策和城市规划的灵活、有效的实施，正是英国城市规划管理制度的核心特征之一。

五、规划管理实施机制

城市规划实施机制的核心是以各类城市规划为主要依据对开发项目进行规划审查的开发许可制度，其中主要包含了对于行政部门自由裁量权和开发利益公共还原等问题的探讨。

美国城市规划的实施主要通过以区划制为依据的开发许可制，以达到对各类开发活动的控制和引导。由于区划中控制指标的规范性、系统性和规划内容的明确性，开发审查实质上更类似于执行与审核，反映出制约行政部门裁量权、以免权力滥用、保护个人权利的基本制度导向。但是 20 世纪 70 年代之后，随着限制城市无序发展的呼声日益高涨和城市成长管理政策的兴起，出于解决规划实施的资金问题以及市中心与郊区之间的社会经济矛盾等现实需要，通过收取开发费和捆绑式开发等多样化手段，实现项目内或项目间、区域间的开发利益转移，使得开发主体在享受由政府基础设施投入而带来的土地开发利益的同时对社会有所回报，开发利益的公共还原成为规划实施中重要的政策目标之一。在这一背景下，地方规划行政部门在开发审查中通过灵活运用开发协定（development agreement）、特例许可（variance）、任意审查（discretionary review）等方式，对控制标准和控制内容进行适当的调整，提高了规划实施的灵活性和针对性，也使得规划行政部门的自由裁量权得到了实质性的扩大。

英国开发许可制的核心特征是以规划行政的自由裁量权为基础，来推进城市规划灵活有效的实施，与美国明显不同。在规划行政人员较高的专业素质和社会责任感、严格的行政监督和行政救济制度、完善的法律法规体系基础之上，规划行政部门自由裁量权的发挥，使规划目标的实施更适应于地方的实际情况和现实条件，避免管理的僵硬和教条，也有效避免了权力的不当使用和官僚体系对政策实施的过度控制。作为开发控制的另一个目标，开发利益公共还原的理念很早就已经出现在英国的规划政策和法律中，从早期 20 世纪 50 年代建立在开发权国有化理念之上的土地征收制度，以及其后逐步建立的相关税收制度，这一理念的实践操作手段有过较多的变化。近年来这一目标的实现则越来越倾向于通过规划增益制度（Planning Gain），在开发审查中增加机动性规划要求等附加条件，从而实现规划外部效益的社会化和公共还原。

英美的实践结果表明，在城市发展环境日益复杂多元化的背景下，为提高政策实施和管理的灵活性和有效性，适当扩大自由裁量权已成为普遍的趋势。作为规划实施的主要目标之一，开发利益的公共还原也需要通过规划行政部门对裁量权的运用才更易于在项目中得以灵活实现。但是，随着规划管理中自由裁量权的扩大，对于其合理合法性的争议和对其经济社会影响的社会公众质疑也在增加。某些规划行政行为跨出了现有权力约束框架之外，规避了法律和公开行政程序等的制约和监督，从而使得行政行为的公平性、公开性受到严重质疑；过度管制还可能造成开发成本过高，进而影响城市经济社会的有序发展。因此，在适当放宽行政自由裁量权的同时，如何进一步合理规范这类行政行为也成为制度建设的新课题。

六、经验与启示

美英两国城市规划管理模式的主要特点，可以概括为以下几点：

美国的特点主要是在地方自治的基础上地方主导型的规划管理，通过三权分立的监督体制、实用规范的法律体系和可操作性较强的规划，对地方规划行政的自由裁量权进行严格制约，规划管理的实用性强，规划实施主要建立在以区划为依据的开发许可基础上，以司法为主的行政监督和救济机制较为完善。英国的特点主要是在地方自治基础上的平衡型的规划管理，中央政府在基本制度建设和政策导向方面对于地方政府具有较强的直接影响力，但也在具体的规划行政方面为地方政府留出了极大的自由裁量的空间；规划管理的政策性较强，在以规划实施为目的的开发许可中，行政体系内行政监督和救济机制较为完善。

与英国相比，美国规划管理制度模式的主要缺陷在于地方分权和地方自由主义造成区域性问题难以解决，而且由于以区划制为主要实施手段的城市规划实质上成为地方自治体确保财源的主要手段之一，难以发挥对城市未来发展的宏观引导作用。但英国模式的缺陷则在于过于严格的规划控制不仅会带来较高的管制成本，也可能不利于持续的经济发展，而且这种制度模式对地方自治能力和社会环境的依赖性较强，适用性较为有限。从美英两国规划管理制度模式的形成来看，规划管理技术、体制、法律等制度手段的形成和技术工具的选择直接反映了一个国家基本的社会治理形态，很大程度上取决于其所在的社会环境和人文背景的制约和影响。作为政府公共管理的重要组成部分，规划管理的目标、理念和制度工具的形成都是这一基本的前提基础之上的。另一方面，城市规划管理制度模式的形成、建立和发展，往往是发生在各个国家特定的社会人文环境中的一种社会选择的过程，这同样也意味着一个国家基本的社会治理形态的形成，必须建立在充分有效的利益博弈的基础之上。唯有如此，社会治理才能拥有最广泛和充分的社会共识和利益协同的支撑。

美英两国各具代表性的规划管理制度模式形成与发展的经验，对于建立并完善适合中国经济社会发展要求的规划管理制度，具有重要的借鉴意义。

（1）法律体系：从 20 世纪 80 年代我国颁布实施《城市规划法》以来，城市规划管理领域的法律法规的制定和实施经历了快速发展的时期，目前已经初步建立了以国家法律、行政法规、部门规章、地方法规和地方规章的五层结构为主的、较为完善的法律法规体系。我国的规划法律体系与英国较为相似，但从其功能作用和内容来看，还有较多的欠缺；尤其在程序性规定、行政主体职责权利关系的界定、规划指标的规范性内容等方面还有待充实，土地法、建筑法等相关法律也仍需要进一步完善。当然，城市规划管理法律制度的建立还必须建立在完善的国家基本法律制度的基础之上，如物权法对个人财产权与公共利益关系的界定、行政法等对行政权和行政行为的规范等，都将对城市规划管理法律制度的建设产生重大影响，尤其是在规划管理中程序性规定和相关行政主体权责关系的界定等方面的法律制度的完善，在很大程度上仍有赖于相关行政制度和法制建设的进一步推进。

（2）行政体系：由于我国的地方行政制度和美、英两国都有较大的区别，财政、立法、政策实施等方面的中央与地方政府间的关系，与地方自治的美英两国有所不同。在城市规划管理领域，地方政府在财政、地方立法等方面实质上拥有较大程度的自主权，在政策实施中具有较大的裁量权，但另一方面，从部门间关系来看，立法、行政、司法的独立运行、相互监督、相互制约的治理结构还未得到有效地建立，特别是行政行为的监督和制约机制，无论是从行政体系内部或行政体系外部来看，都仍有待健全和完善。首先是作为立法机构的人民代表大会制度和司法机构对规划行政的监督、制约机制急需加强，规划的决策机制和决策程序的完善、补充和调整需要在健全法制的基础之上逐步实施和开展；其次，迫切需要在规划行政体系内部推进行政监督机制和行政救济制度的建设，加强对行政权力和行政行为的监督和规范；在这方面，英国的相关制度具有一定的参考借鉴意义。第三，在目前的行政主导型制度环境中，规划决策程序的民主化建设需要在逐步推进广泛的公众参与的同时，尽快建立相应的协议协商机制，加强政府与企业、社会公众的互动和交流，以提高城市规划管理的民主性和有效性。

（3）技术体系：我国的城市规划技术体系以总体规划、分区规划和详细规划作为结构性划分，各类规划的功能作用明确，内容要求和形式较为系统，规划间相互衔接保持了较强的一致性。目前规划体系存在的主要问题一方面在于如何加强总体规划的政策性和宏观引导性？使得总体规划能够更好地适应于城市发展环境快速变化的要求，另一方面在于如何提高详细规划内容和控制指标的标准性、规范性和体系化？使得详细规划能够适应规划管理的实际需要，更好的发挥开发控制的作用，真正成为开发审查的有力依据。在总体规划的调整方面，可以借鉴英国的结构性规划改革的经验，在总体规划的内容中增加经济开发、环境保护和社会公平的相关政策性要求，提高总体规划的综合性政策导向作用。在详细规划的调整方面，则需要根据我国城市发展和规划行政的现实条件，适当借鉴美国的区划制和英国的机动性规划要求，在提高规划控制指标的系统性、规范性和体系化的同时，通过机动性规划要求建立具有一定灵活性的、能够适应实际需要、又具有较高可操作性的规划控制标准。

（4）实施机制：我国的规划管理实施保障机制以"一书两证"为核心，通过对开发项目实施过程中的各个阶段进行针对性的审查，以保证城市规划的政策性引导作用和开发控制作用的有效发挥。由于规划管理中规划指标的不规范、规划政策导向的不明确等一系列因素，使得规划管理中的不确定性和不透明性有所增加，规划的权威性受到影响，而开发审查中自由裁量权的问题也会使得规划管理的效率和合理性、科学性受到一定影响。可以看出，规划实施体系中存在的问题本质仍然是规划法律体系、规划行政和规划体系不完善所造成的，规划实施问题的解决也有赖于规划法律的不断完善、规划行政监督机制的建立健全、规划指标规范性和系统性的提高，才能得以根本解决。另一方面，虽然随着房地产市场的逐步建立和城市开发机制市场化的不断推进，使得开发利益公共还原问题日益成为一项政府与社会共同关注的政策性问题。虽然在轨道交通等大型公共项目中，以各种形式向周边地区企事业单位收取开发费用、以解决项目资金问题的手段已经在实践中不断被运用，但由于征费行为合法性（虽然是合理的）、征费方式、途径和费用使用等的不规范性，往往会导致其最终结果与目标的偏离，因此，在城市改造和城市公共项目快速推进的时期，尤其迫切需要借鉴美国和英国的实践经验，在各级规划管理法律法规中明确开发利益公共还原的基本理念，并配合规划体系的改革，建立制度化的开发利益公共还原的规划管理手段。

第六节　从负面清单管理模式的政府转型看城市规划

　　近期各大城市涌现的负面清单反映了当前政府职能转型的趋势，而城市规划作为政府宏观调控的手段之一，也应随着政府职能角色的转换而进行相应的改革从而与之相适应。本节指出负面清单管理模式反映的是政府的"放权"思维以及对危害领域的"禁止"思维，并根据以往经验推测这种变化在城市空间引起的表征变化将会表现在：城市空间更加具有生态性、自发性、开发与更新的渐进性，产业空间的合理性以及城市的多样性等多方面。最后，对这种负面清单管理模式转变下的规划改革进行了一定的畅想。

　　近期，城市产业负面清单频频涌现，其反映的是政府职能以及经济制度的转型趋势，正如改革开放初期同样作为经济制度的市场经济体制催生了控制性详细规划一样，负面清单管理模式也将会在未来对城市规划具有一定的影响，虽然城市规划的改革与政府职能转型相比，具有一定的滞后性，但在规划面临改革的节点上，对其探讨仍然具有不容忽视的意义。

一、城市产业转型大背景下的负面清单管理模式

　　转型背景下负面清单大批涌现。继上海自贸区实施"负面清单"以来，各城市也竞相效仿，"负面清单"管理模式在各城市逐渐涌现。2014 年 5 月 15 日，邯郸市发布《邯郸市人民政府关于实行项目投资负面清单管理的通告》；6 月，成都市决定在天府新区成都片区、高新区、经开区试点负面清单；7 月 28 日，北京发布《北京市新增产业的禁止和限制目录（2014 年版）》，调整产业结构，治理城市病；11 月 21 日，广州公布行政权力清单；12 月 10 日，佛山南海区发布首份行政审批"负面清单"……。

　　现行负面清单按实施地区大致可分为两种：一种是在特殊经济政策区实行，如上海、成都；另一种则是在整个城市中心城区实行，如邯郸、北京。虽然也有综合性行政审批负面清单，但几乎全部的重点都聚焦于产业方面，以期通过负面清单，实现产业升级。

　　负面清单的放权思维。所谓负面清单（Negative List），相当于投资领域的"黑名单"，表明了企业不能投资的领域和产业。从学术上讲，凡是针对外资的与国民待遇、最惠国待遇不符的管理措施，或业绩要求、高管要求等方面的管理限制措施，均以清单方式列明。"负面清单"不只是一种先进的外资准入管理制度，更代表着一种"法不禁止即自由"的全新思维模式，是进一步转变政府职能和激发市场活力的催化剂，同时对推进我国治理体系和治理能力的现代化具有指导意义。

　　负面清单的"放权"思维包括两个向度：①限制政府权力，即对公权坚持"法无授权即禁止"；②赋予公民等社会主体权利，即对私权利奉行"法不禁止即可为"。负面清单的"放权"思维与正面清单的"集权"思维形成鲜明对比，折射出负面清单在提高外资进

入效率、理清政府和市场边界、加速行政审批制度改革以及与国际贸易规则接轨等方面的正面价值，因此，这是一项在对外开放新思维指导下的制度性变革。

二、负面清单管理模式应用在城市空间上的表征趋势

虽然负面清单将主要作用于城市的产业空间，但是作为城市空间的重要组成部分，产业空间与城市空间的整体相互影响、相互制约，其形成与转变的模式不仅受制于，还将会深刻影响城市空间形成与转变的模式。因而，该部分将统一论述负面清单管理模式对于整个城市空间的影响。

本节认为，负面清单管理模式在城市空间上的影响可表现为如下几点：城市环境空间的生态性、城市空间的自发性、城市空间开发与更新的渐进性、城市产业空间的合理性、城市空间的多样性。其中，以负面清单中对重污染企业的禁止以优化环境空间的生态性为负面清单的根本优势，以城市空间的自发性为根本特征。

城市环境空间的生态性。负面清单管理模式具有其他方式无法比拟的直观性，它一目了然地告诉投资者，清单上哪些领域是不可以投资的。而在中国大多数城市这些禁止领域的首要目标将会是耗能高、污染大的产业，这将从源头上有利于解决中国大部分城市环境污染严重、能耗高的问题，城市环境空间的治理也将更加容易，城市的环境空间也将向生态的方向转化。

城市空间的自发性。负面清单模式采用"排除法"。将禁止或限制投资的产业以清单明细的方式告知投资者，使投资者一目了然地知晓投资禁区，避免投资的盲目性，规避投资风险。对于清单之外的行业，政府不再利用手中的行政审批权为投资者的市场准入设定门槛，而是努力营造一个公平、开放、有序的市场竞争环境。

在这种产业管制模式下，产业选址与产业在一定地域范围内将自发混合组合，产业空间布局与居住空间布局将自发交叉组合，有利于城市功能的自发混合。在城市新区开发过程中，负面清单管理模式将有利于新区开发由整体式开发向渐进式自发进行转变；在旧城更新过程中，随着市场中企业更大的自主开发权，旧城也将自发的进行有机更新。

城市空间开发与更新的渐进性。改革开放 40 余年，我国的城市多以大规模的城市开发建设为基础，以大拆大建为手段，然而，在取得巨大成就的同时，也出现了种种弊端，包括城市中历史建筑被摧毁，城市风貌"千城一面"，原有社会网络结构被破坏，甚至众多"鬼城"现象频现。在中国城市转型背景下，亟须由大拆大建的开发与更新模式转变为内涵式、渐进式进行的模式。负面清单的管理模式为此提供了一定的可能性。

在明确了政府的规划职能、管理职能的前提与基础上，负面清单管理模式以空间的自发性为基础，可适时推广小规模的、渐进式的新区开发与旧城更新，这样将更能改善城市空间的品质，提高居民生活质量，建立和保护社会网络结构。

城市产业空间的合理性。负面清单管理模式的产业空间自发性决定了城市产业空间的相对合理性。微观经济学认为，理性人的一个重要特征在于自身利益的最大化，而自身的利益的最大化也会在一定程度上导致整体经济的最大化。这在企业对于空间上的选址方面

来看也同样适用，与以往开发区大规模的产业园落地的政府管控不同，这样的产业空间更加自发，也更加合理。

需要注意的是，企业自发选址并不是说政府和规划不需要进行管控，而是政府管控的领域更为集中，更为关键，不需要管控的部分直接放权；城市规划的用地控制也应在保证城市用地结构合理的前提下更有弹性。

城市空间的多样性。近年来，随着城市的大拆大建，旧城区历史和非历史的，传统和非传统的空间，整片地划入了改造的范围，城市新区大片地开发，城市空间的多样性难逃被抹去的命运。负面清单管理模式所反映的政府职能改革的趋势，为我们带来了改善这一问题的可能性。

城市多样性的产生大概有三种方式：①不同时期建造的建筑物的多样组合；②同一时期不同建筑师、不同开发主体的多样组合；③建筑建成后若干年中对于建筑的改造甚至是新功能的置换。负面清单管理模式的城市空间的自发性均有利于以上三个方面的进行，从而增加城市空间的多样性，创造出更有活力的城市空间。

三、负面清单管理模式反映的转变趋势下的规划改革应对

负面清单对于城市产业的影响终究会落在空间层面上，城市规划作为政府的调控手段之一，在其编制以及管理过程中，必须在与之相适应的同时，对其加以补充以适用于空间层面的调控，可从以下方面进行一定的考量：

从"产业定位"到"正负面清单"相结合模式的转变。单纯的产业定位的规划模式已经过时，已无法满足政府的管理需求，尤其在这种产业管控模式转变的大背景下，产业定位具有大方向的指向性，属于集权式的自上而下的规划模式，而政府转型的大趋势在于对市场的放权，城市规划在产业层面应从"产业定位"向"正负面清单"相结合的、自上而下和自下而上相结合的模式转变。

"正面清单"明确的是政府应引导城市大力发展的产业，反映的是城市产业发展的方向，以一定的鼓励政策来促进该类产业的发展；"负面清单"明确的是政府命令禁止发展的产业，反映的是城市逐渐淘汰的劣势产业，最为明显的应为一些高污染、高耗能、地均产值低的产业。

正负面清单相结合模式的优势在于明确了政府的责任，以一种直观的方式告诉政府哪些产业是该鼓励发展的，应给予一定优惠政策的，哪些产业是严禁发展的，是坚决杜绝的。

产业的"正负面清单"的分类由"产业部类"到"价值区段"的转变。产业转型升级，是从低附加值转向高附加值升级，从高能耗高污染转向低能耗低污染升级，从粗放型转向集约型升级。"转型"的核心是转变经济增长的"类型"，即把高投入、高消耗、高污染、低产出、低质量、低效益转为低投入、低消耗、低污染、高产出、高质量、高效益，把粗放型转为集约型，而不是单纯的转行业。转行业与转型之间没有必然联系，转了行业未必就能转型，要转型未必就要转行业。

经济全球化促进了城市空间经济结构的转型，以"产业部类"为特征的水平空间经济

结构正在转变为以"价值区段"为特征的垂直空间经济结构。因而，以价值区段进行产业的正负面清单划分对于城市产业升级来说，更具有针对性，尤其是对于北上广深这类特大城市以及昆山等产业发展较好亟须升级的中等城市来说更具意义。

正负面清单的空间模式。空间具有其自身的区位特征以及不同功能的组合特征，因而，不同主体功能的空间，其产业的管控也应有所区别，因而从空间的异质性角度来说，可考虑对于不同的功能片区制定更具有针对性的正负面清单。例如，城市中心片区考虑到环境以及地均产值的要求，其正面清单应以生产性服务业和生活性服务业这类价值区段较高的产业为主，负面清单应严禁杜绝高污染工业甚至是工业的发展；而工业片区的正面清单则应是地均产值高的产业为主，负面清单则应禁止高耗能、高污染、地均产值低的产业的进入。

更有弹性的城市规划模式。负面清单管理模式代表的是政府职能的转型，在这一大背景下，城市的社会经济发展也将会更加富有弹性，而传统的城市规划缺乏包容社会经济发展的弹性手段，无法通过灵活的规划技术方法与管理手段赋予城市空间以抵抗外部环境变化、保持长久生命力的能力。虽然弹性的城市规划已早有人着手研究，但随着社会制度的变革，规划方法也应与时俱进，因而探索能够有效适应这种针对政府职能转变的合适的规划方法依然任重而道远。

负面清单管理模式在中国各城市才刚刚开始，待其实施一定时间后，其弊端及优势会更加显现，其对城市规划方法改革影响的研究也需要继续坚持下去，不仅仅在于产业方面，更大的意义在于对于整个城市空间的转变模式的影响的研究。本节难免有失偏颇之处，许多内容仍需通过实践进行检验。

第七节 应对气候异变的海绵城市雨洪管理及规划模式

随着全球气候异变的冲击，中国的降雨量不断增加，降雨量的剧增让中国的传统排水系统无法负荷。目前如何改善城市的透水能力已经成了当前面临的迫不及待需要解决的问题。以自然渗透、自然积存、自然净化的方式来解决当前的积水问题，用此方法解决雨洪灾害，能够合理利用水资源。本节主要以如何构建生态海绵城市为主要研究对象。

在全球变暖的冲击下，全球气候异变，剧增的降雨量和极端的气候变化给城市的排水设施带来了巨大的压力，传统的排水系统无法满足巨大降雨量的需求。目前，我国淡水资源缺乏，中国向来都是一个淡水资源匮乏的国家，那么面对如此大的降雨量，应该如何留住城市的降雨？改善目前城市缺水的现象，并且舒缓城市降水排水困难的问题，已经成了各大城市共同关注的问题。

一、海绵城市概述

海绵城市是新一代的雨洪管理模式，海绵城市在适应环境和应对雨水带来的自然灾害方面具有很好地"弹性"。海绵城市的设定是为了应对全球气球变化，是可持续发展的有效途径。

海绵城市的建设不是将城市建造的如同海绵一般千疮百孔，是在原有的排水系统的基础上，将地面上的硬砖、泥瓦等物理设施转化为可以吸水、储水又可以将储藏的水资源进行利用的资源，缺水时用它补给，使水资源可以重复使用。

近些年来，随着生态化城市新潮概念的引入，海绵城市的理念也越来越受到人们的关注，并成了国家治理雨洪现象的一个重要举措，在国家政策支持下，很多地方政府开始实施相关的规划并完善相关的施工技术。

二、建设海绵城市所面临的问题

海绵城市的推广涉及很多领域，包括水利、景观以及城市管理等各个方面，在目前的城市规划中建设一个怎样的规划模式，怎么进一步落实海绵城市这一理念，是当前迫切需要解决的一个问题。随着科学技术的不断发展，生态规划设计的理念不断优化，为海绵城市的规划建设提供了技术上的支持。在未来的规划过程中尝试规划出一套新的城市规划建议，增强城市预防能力。基于城市建设的方向，城市建设过程中主要解决的 3 个问题是：怎样在城市管理及都市计划层面具体落实海绵城市的理念，如何调整目前城市规划的方案？如何根据我国的实际情况建设海绵城市？如何落实海绵城市这一理念，如何对城市雨洪量进行分析？

三、重视海绵城市规划

提高民众防风险意识。加强空间分析及模拟技术在城市雨洪管理中的应用，提高民众防风险意识。在城市雨洪管理中加强新一代的空间技术分析，加强管理模拟技术的应用。加强技术分析是为了进一步强化暴雨灾变的能力及政府部门的正确决策判断能力。在宣传过程中主要是为了加强科学分析在民众参与防风险意识提升的重要性，宣传教育工作要配合民众参与机制，让全民参与到都市雨洪管理防控工作中来。

加强城市生态环境保育工作。在进行海绵城市的规划过程中要明确指出要保护的绿地系统和水系的范围，保护好绿地系统和要保育的城市水体，维持住城市的水体和绿色自然空间的纹理。将城市绿色网络与城市的水域联系起来，让湖泊、绿地、沟渠、湿地等水域和绿地能够相互结合，串联成一个网状，这样做能够加强水体景观和雨洪蓄水功能相结合，在解决了雨洪问题的同时又保护了生态环境。

加强城市管理与雨洪管理相结合。在规划过程中加强城市管理与雨洪管理能够有机结合，在整个城市的规划过程中，要落实海绵城市的规划理念，在已淹没的地区强化土地管理机制；在已淹没的地区设置滞洪区，在开发的过程中设置禁止开发区域，限制开发的强度和密度。设置雨水优化滞留空间，可以设置在学校、地下停车场、体育场所、绿地等公共场所下，使用法律法规进行监管，将雨洪管理纳入到国家管理体系中，多设置一些储水空间。

分散进行雨洪管理。建设雨洪处理场地、分散处理都市雨洪管理系统，改变传统的雨洪处理模式，传统的雨洪处理模式是将集水区的暴雨径流主要导向集流的大系统治水观念，改变传统的治水模式，改为分散式综合性的吸纳洪水，通过各个区域的分洪进行截留，可以进行灌溉、绿色资源生态蓄洪等。

四、完善地区分布策略

铺面增强透水材质的使用。在地面的铺设过程中，加强透水材质的使用，根据研究发现旧街区的硬面铺面比较多，在后期的更新发展的过程中应该加强透水性材料的使用，进行透水材料铺设时应该考虑在基层或者是表层铺设，在进行基层材料铺设时应该选择透水性比较好的材质，以便使降水能够渗透到地下。在选择表层的材质时，应该根据当地的建筑风格和区域选择耐久性比较好的材质。

加强社区层面的保水设计。在进行社区保水设计时应该进一步树立社区内的绿地规划，将社区内的蓄水功能区与景观相结合，结合公园的绿地、生态保护区、休闲区等区域建设生态蓄水功能区。在设计时使用生态的设计手法来进一步改善社区道路的透水性，根据社区的绿化与水域的分布进行规划。社区的水域要建设在社区的低洼处，以便于在洪雨来临的时候可以存储雨水。

加强绿地计划于雨洪管理的有机结合。增强防洪设施建设，并配合城市建设定期检查，在设置生态滞洪设施时应该有现在公园绿地设置，结合公园的景观设计，建设适合民众休憩的生态空间。将公园绿地建设成为一个兼备景观、滞洪功能、生态的区域网络，进一步加强雨洪的处理能力。变更上游地区易淹没土地的用途，在进行土地变更时，需要对变更区域留置适当的空间留置雨水。根据当地的实际情况，根据当地的地区环境特征及时进行排水情况安排，规范设计滞留雨水的空间，并将设计纳入到现有都市计划的法定规范。

根据当地实际情况，因地制宜的设置雨洪管理的办法。在进行雨洪规划治理过程中，要因地制宜地设置治理方法，在进行综合治理的结构下，根据当地的实际排水状况，因地制宜采用雨洪管理的方法和策略。在进行开发管理时主要包括低冲击开发模式的推广、基地保水、入渗设施、滞洪池与雨水贮留设施留设、排水路整治、集水区水土保持等工程方法。

近年来，海绵城市的理念越来越受到人们的关注，进一步加强雨洪的处理能力，根据当地的地区环境特征及时进行排水情况安排，把城市的规划和雨洪的管理作为主要的设计模式。笔者通过研究提出了一些相关的建议以及想法，希望可以改善土地的利用情况、生态街道的创建并促进一些地区的透水能力的改善，这样可以将自然渗透、自然积存、自然净化的方式运用到防洪防灾以及水资源合理利用上来。

由于研究资源和实践经验受限，此次研究可以当作是一个海绵城市理念落实的初级规划，研究出来的结果理论上比较适合当作绿地计划和策略性城市的一个参考，分析结果受资料精度的影响，在此抛砖引玉，希望更多的专业人士参与到此项目的研究中来。

第六章　新时期可持续城市生态景观设计的理论研究

第一节　城市环境中景观可持续发展

城市景观的可持续发展是一种景观创造和维护的哲学方法，从生态学角度看，其系统稳定、景观投入少、易于管理。这种景观不是纯粹意义的自然景观，而是由人工预设，以期在一定时间和空间尺度内，形成平衡和积极的景观场所，满足人类社会和自然环境系统的协同发展。

一、环境可持续发展观点

现代景观的可持续发展观由环境保护及可持续发展的历史观点发展而来。早在 18 世纪，随着工业革命的发展，城市扩张，压榨自然资源，人口密度和规模急剧膨胀，这种现象很快就引来了批评，也必然产生相对的保护或可持续观点。其中，以英国乡村牧师托马斯·马尔萨斯在 1798 年发表的论文《人口论》（Essay on population）作为开端。在该文章中，他质疑了地球能否承受呈几何级数增长的人口。马尔萨斯的文章激起了强烈的社会反响。在 20 世纪 40 年代，奥尔多·利奥波德就自然与人类问题提出了一个更加哲学化的观点。从 1941 年起，《沙乡年鉴》就一直在寻求出版的机会，而直到作者去世后的 1949 年才得以问世。在这本书中，利奥波德使存在于人们之间的伦理关系扩展成了人和自然之间的伦理关系，并且对人们的观念提出了进行转变的要求，即对生态规律的遵循。最终人们在 20 世纪 60 年代才发现了存在于环境中的严重问题，同时也意识到了利奥波德学说对于现实生活及自然界的指导意义，为此，人们将新自然保护运动领袖的荣誉给了利奥波德。后来，蕾切尔·卡逊同样在这个时代发表了她著名的环保理念作品——《寂静的春天》，其有环保运动史上是具有里程碑式的作品，蕾切尔·卡逊女士在书中对杀虫剂的大量使用给自然环境造成的破坏给予了严厉的抨击。

二、景观的可持续性

景观可持续性指的是某种景观本身所具有的、可以稳定而长期地给人们提供景观服务且对本区域内人类的福祉有改善及维护的综合能力。在可持续的景观过程中景观格局是至关重要的环节。不管是哪一种景观，都存在着可持续性的环境、人类福祉以及整体性生态实现的最优格局配置原则，要使可持续性景观得以实现就需要对这些景观格局进行一定程度的设计、规划与识别的过程。与此同时，在该过程中还要对景观服务能力所受到的环境波动及土地利用变化的影响。可持续性景观的发展包含了几方面的原则：土地利用高效性原则：土地是人来生存最有效资源之一。立体化多层次的景观环境要形成，就需要在有限的土地上使活动场所尽可能地多提供；使用地绿化的效率得以提高，以与乔木与灌木共生共荣、生态位地被相符合的立体种植布局在同一块土地上得以实现；目前在营造可持续性景观的行业中已经做了广泛而深入的理论及实践研究。其中包括围绕水体环境健康和城市雨洪管理而提出的海绵城市景观可持续发展；人工湿地景观营造和自然湿地景观保护。许多行业都设定了国家或行业标准。其考察基本内容包括：可持续性场地；水资源利用效率；能源和空气；节能技术和材料环保。

景观可持续性具有跨学科多维度特征。景观可持续性的多维度是在环境、经济、社会的基础上产生的。比如，有五个不同的维度得以在景观可持续性中被 Selman 所确定，其分别为：政治、环境、美学、经济以及社会。Musacchio 进一步发展与细化了景观可持续性的维度，且对景观可持续性的六个维度进行了确定，其分别为：体验、公平、环境、道德、美学以及经济。

景观弹性及可再生能力是景观可持续性所强调的内容。最小化的外部扰动以及最大化的自我再生能力是可持续发展的大部分景观所要求你的。对景观可持续性思想进行应用，在景观自我再生能力提高与维护方面需要我们对景观要素进行相应的设计与规划，而对于外部环境所产生干扰的抵抗能力也会同时得到相应的提高。建立在某个空间基础上，景观弹性是一个自适应的复杂系统，其包含着不同的社会生态成分及其该成分间的彼此作用。其也指在系统状态条件不改变的情况下景观系统所承受干扰的能力。经济、社会以及自然的彼此作用产生的复杂系统形成了景观生态系统，景观弹性在面对诸如土地利用变化或者气候变化等不同的干扰机制时，其在保持持续供给的景观服务方面发挥着极为重要的作用。所以，分析景观可持续性时在社会——自然生态系统纳入景观弹性理念有着极为重要的意义。景观生态学的空间数据集、方法、概念因为在社会空间格局及景观中生态系统彼此依赖性强的特性，其在进一步推动及发展景观可持续性理论和景观弹性方面有着巨大的潜力。

第二节　城市设计生态景观布局

在城市生态系统中，景观规划是一项非常重要的内容，维护着城市的健康发展，使城市生态系统功能得到进一步提高。生态设计是一项特别重要的内容，其好坏直接影响着景观规划设计和环境质量。本节就城市生态景观的布局与规划进行分析，通过对城市生态景观布局创新设计来加强景观规划的生态建设，为我国城市的生态化发展探索出一条可持续发展的道路。

一、城市景观生态理念设计需求

针对生态城市构建与设计。城市设计形式可以从生态建设内容对生态环境的影响中表达出来。一个是要从城市发展的角度来看，组织一些爱护环境方面的内容，城市道路运行，居民的日常生产生活，将它们相互融合，完善城市功能；另一个是城市建设要加强自身综合性和可持续发展性，其中融入城市功能，防止浪费生态需求，提高自我完善，将城市整体环境的规划布局进一步改良。

减轻城市二氧化碳气体的排放量。在经济建设中要考虑碳量排放情况，尽量降到最低，要根据实际的情况进行，让人们在生活中能够有绿色节能生活的观念。

二、打造高品质生态城市

城市景观设计。对于城市生态景观的规划布局，为了进一步提升设计水平，详细研究景观设计内容，初步规划时要确定目标方向，完善城市生态景观中的生态系统，健全整个生态系统。在城市景观方面要做好平面规划。规划好高层和超高层建筑景观设计，恰当地规划低层生态景观。

城市住宅区设计。设计居住区时，根据生态景观原理，科学合理地进行规划，打造城市健全的基础设施和良好的生态景观生活区域。首先要考虑城市的长远发展要求，根据其地形条件、水质、气候、等方面，规划城市的最佳发展地理位置与规模。其次要考虑环保型景观材料，避免景观材料污染环境。另外对景观物间的间距、朝向，包括采光通风等问题要多研究，并采取有效措施解决；采用生态技术来处理生活中产生的排泄物与生活垃圾。

城市产业化设计：（1）循环利用可持续供给的清洁能源、清洁材料。（2）综合自然复合生态系统、社会、经济全面和谐统一的网络。（3）以可持续发展为战略目标，维持良好的绿色生态系统。

三、景观生态规划与设计

环境敏感区。环境敏感区作为一个生态脆弱的区域，对于人类来说，是具有一定不可预知的天然灾害发生区域，同时也有着非常特殊的价值。可分为生态敏感区、文化敏感区和天然灾害敏感区。生态敏感区的内容有江河湖泊、珍贵稀有的植物物种，或者是一些野生的动物居住地等等。文化敏感区内容是历史文化古迹、革命圣地等一些具有参考价值的地区。灾害敏感区的内容是一些环境污染严重地、干旱洪涝发生地、地震活动区域等。

绿地规划。在城市环境中，绿地是一项非常重要的生态保护的内容。在维持生态平衡上起了一定的作用。如果城市中绿地遭到破坏，其生态环境也因此而受到破坏。从景观生态布局上来说，要更多地规划生态绿地，且分布均匀。在空间布局方面要将集中和分散相结合，在集中使用大面积的土地中，要规划出一部分自然植被区域与小路，可在人类休闲区周围设计一些小的人为斑块，且绿地廊道和道路廊道相融合，在两旁种植绿色植被。可以提高道路环境质量，有益人们的身心健康；还可以扩大绿地范围；另外，绿色廊道连接景观中各斑块，方便斑块中小型动物迁移。

城市景观规划。要想有一个优美、最佳的生产生活环境，在整个城市生态景观布局中，还要考虑到景观规划，以及整个城市的外貌。这是一个城市的整体规划设计。要按照城市的实际发展情况和规模进行整体规划，设计出城市生态景观艺术的框架，实现美学的目的。

四、城市生态景观布局创新设计

首先，在创新城市景观生态布局上要保留原有景观，保留其历史价值或观赏价值与经济价值。在这种基础上发挥设计、合理应用。其次，在规划布局城市生态景观时，还要考虑到城市功能。在观赏的同时必须具有一定的实用性。最后要做好景观视觉效果。一个景观布局的好坏标准都是以视觉效果来衡量，通过群众对事物的美感评价景观。因此，只有通过科学合理的规划布局，突出景观的特色，不仅从整体景观中感觉舒适，在细节上也要做到位。

第三节　景观统筹与可持续性景观设计

在多年的项目实践后，我发现真正称得上成功的案例依然屈指可数。因为设计良好的景观往往被横插进去的道路、桥梁、周边景观破坏了整体的美观，这成为困扰景观设计的一个难题。要做好一个城市的生态，仅仅依靠绿化或园林设施并不能解决空气、水体等的污染问题。现在国内的城市规划注重的只是产业布局、交通桥梁、商业配套和绿地指标，而对资源保护和利用、通风光照、人的活动方式等考虑不够充分。城市各个部门往往是各干各的，其结果就是景观也做了很多，但是缺乏整体性、生态性和协调性。所以，笔者提出"景观统筹"的概念，是想把景观设计提高到一个新的高度，使之能真正起到改变城市生态、景观、文化和居民生活的作用。打造一个城市的生态系统，最重要的是要用景观设计统筹城市规划、水利、交通、景观等各项规划设计，根据场地的景观要求实现规划合理化，与水利、市政相协调，从而在美化的同时达成节约资源、保护生态的目的。

一、景观统筹与可持续性设计

"景观统筹"是指由景观来粘合一个区域、一个城市以及每一个项目的方方面面。根据场地的景观要求，来规划桥梁、道路、景观等，使规划设计更加合理化、生态化、美观化。另外，景观统筹能够在节约资源和保护生态的同时，提升商业和土地开发的价值，实现效益的最大化，自然资源也会更容易得到保护。

实现景观统筹要满足一些条件，首先作为一名景观设计师，需要掌握一定的知识，如规划、景观、桥梁、水利、生态等等，并将其充分地运用在具体的项目中。其次，作为项目的决策者，必须要认识到景观的重要性，在操作一个项目的初期，就要让景观设计师介入所有的项目讨论中。最后，可持续性设计的理念要贯穿整个项目。

可持续性设计的理念是近一二十年提出来的，因为人类社会这几十年的发展比以往任何时候都要快，资源利用和破坏在加速。很多时候在我们还没有反应过来，资源就消耗殆尽了。所以，人们开始反思，怎样发展才能够尽量少地破坏资源或者说尽量合理地利用资源，使资源能够得到长效的发展？于是，可持续性发展的理念应运而生，其目的就是希望所有的发展项目，能够为长远考虑。从整体性、延续性以及资源的节约利用几个角度来做项目，而不只是满足于一时的需要。可持续性的设计需要注意以下几点要素：

可持续性设计一定是整体的设计，要有全局观念，不能因为局部需要而破坏了整体。生态是紧密联系在一起的，某一个节点的断裂，会造成整个链条的断裂，导致生态功能的破坏。

有效地利用资源，尽量让自然资源得到利用，并且能够长久地保持下去，避免滥用资源。

多利用一些对人类和自然环境不会造成污染的材料，并且在项目的后续管理中做到尽量少的占用资金和劳动力，方便管理。

全面的可持续性发展是建立在景观统筹的基础上，以生态为本，关注经济性、实用性和社会性"以人为本"这一理念的基本观点是人类为核心来考虑的，但是放到整个生物链和生态系统来考虑，就不能"以人为本"，而是要"以生态和谐为本"。人类、动植物与大自然是一体的，缺一不可。所以，任何项目在设计之初，要正确地认识可持续性设计的重要性，必须要将人的需要与大自然的生态相连，将空气、水域、土壤以及食品安全等纳入整体设计思考中，当成一个系统来认识和打造。这一命题涉及人类怎么样对待大的生态和个体需求，以及人与动植物的相关性的理解。

传统的规划设计与可持续性景观设计存在质的差别，关注点也大不相同。过去的城市很小，即使不考虑雨水，也不一定会有内涝。但是，现在社会完全不一样，城市规模成倍增加，这么大的系统还不考虑雨水收集、雨水循环等问题，洪水来了就会出现内涝，也容易被污染。过去我们也讲生态，但是生态问题在过去没有现在这么严峻。所以，现在的可持续性设计变得越来越重要和受人关注。这也就需要我们去做好更加全面、系统的景观统筹工作，在设计考虑初期就要考虑到经济性、生态性、实用性和社会性等多方面因素。

好的可持续设计的标准有很多，从微观来说，用生态环保的材料、节能的措施，这就是可持续性的；从宏观方面来说，节约了土地、保护了资源、增加了社会效益、后期维护变得更简单，这也是可持续性的。但可持续发展不要单纯地从保护了生态、收集了雨水这样的角度去理解，更要从经济的角度出发，花最少的钱，达到最好的效果，尽量多地节约人力、土地和其他方面的养护支出等角度去评价。经济、工程、能源、生态、开发商的后期维护和运营管理等方面都需要有标准，所有的标准都需以生态、环保、节能、经济、实用与美观为核心。

二、景观统筹体现在项目细节与设计过程之中

从项目类型的角度来说，河道景观、中央公园、湿地景观等，都是生态敏感型的项目。在设计中要优先考虑生态保护、水域治理、土壤修复、有害物质的清理等方面的工作。同时，设计也需要遵循这样的原则：为政府节约资源，使资源利用最大化，项目建成之后，周边的土地得到最好的利用，价值能够提升，而且利于城市的经营和管理。在生态得以保护、景观得以可持续性发展的同时，城市的经济也得以提升，这就是景观统筹在项目细节与设计过程中所体现的优势。

拿具体项目来说，我们在广西南宁园博会项目中针对整个五个大湖的水域做了生态修复方案。水生植物可以帮助净化水质，软质的驳岸使水能够有效地渗透到地下，这是我们首要考虑的因素。我们还打造了一片可以让鸟类能够栖息的生态林，让鸟类跟我们一起生活在同一片绿色空间里。在节能方面，尽量不让公园里面有过度的光照和用电，也考虑雨水的收集系统，能够让雨水留存在场地里面。还有一个项目是襄阳的月亮湾湿地公园，我们对河道湿地、小型的岛屿湿地、湖岸湿地等不同的湿地类型都做了研究，让湿地发挥不同程度的生态效应。在植物利用方面，我们会选用那些更能适应当地气候、土壤，最容易维护利用，当地土生土长的植物材料。这些都是可持续设计在具体项目中的体现。

第四节　可持续发展理念的生态城市园林景观设计

本节基于可持续发展理念的生态城市园林景观设计进行了分析，明确了园景观设计的具体概念与城市园林景观可持续发展建设的意义，并基于现阶段园林景观设计存在的问题提出了提升园林景观设计生态性发展的重要途径，希望为关注此话题的人提供有效参考。

一、园林景观设计概述

园林景观设计是传统园林理论与当代景观学、文学、美学、气候学、植物、土壤等相关专业相结合的基础理论，在实际的园林景观设计上更是要综合考虑各类学科因素，对园林景观内容进行缜密的构思与策略筹划，促使园林景观的设计更具有美学欣赏及可持续发展的生态价值。多种专业学习综合思考下的园林景观设计不仅具备美观性，还须具备人文、可持续发展的特性，提高园林景观的实际应用，满足人们日常需求的同时，加强功能层面的建设，可通过园林景观设计推动人类文明的发展。

二、城市园林景观可持续发展建设的意义

（1）生态学意义：改善城市面貌，通过园林景观设计改善生态环境。园林景观设计将各类绿色植物进行合理的搭配，使得植物之间能够相互促进、和谐生长，不仅遵循了自然规律，还充分发挥着植物净化空气、调节温度、减弱噪音、光合作用吸收二氧化碳等重

要作用，旨在提升城市的生态性。

（2）社会学意义：园林景观与社会发展之间属于相互推动、相互作用的关系，社会经济发展推动人民的生活水平不断提高，人们对周围生活环境的质量要求不断提升，对城市中绿色化环境的创设需求更高。而园林景观设计是基于人文发展的重要体现，为促进城市化物质文明建设、社会精神文明建设起到了推动作用。

三、现阶段城市园林景观设计中存在的问题

当前我国还没有建立其完善的城市规划中园林景观设计制度。部分城市在园林景观设计中缺乏相对专业的设计与施工经验，城市建设对园林景观设计的重视程度不够，实际应用开发更是缺乏一定的有效性，且更加注重其美化作用而忽视了生态、功能性等作用，无法保障园林景观设计与社会效益的协调发展。我国园林景观设计人员对园林景观的观赏性、艺术性设计经验相对丰富，对结合本地的自然环境和土壤、水等特性设计出具有个性特点的注重生态平衡、水土养育的可持续发展的景观艺术作品的经验尚有欠缺。

四、提升园林景观设计可持续发展的重要途径

基于城市发展需求加强园林景观生态性创设。现阶段国家低碳、节能、环保、绿色宜居的现代化城市建设，绿色发展已经成为城市建设发展的第一需求，园林景观是城市建设中重要的生态性建设区域。由此，园林景观设计必须基于城市发展的绿色、生态性需求等合理的设计内容，为城市居民提供休闲、娱乐、充满生机的绿色化环境，并在园林景观设计中融入城市建设的基本理念，把握园林景观效益与城市生态环境效益的统一性。

基于和谐生态关系创设多元园林景观。园林景观设计应当遵循生态优先的原则，优先注重园林景观设计的科学性，在植物搭配层面，尽可能遵循因地制宜原则选取适应当地气候的植物物种，并适当的引进外来树种增加园林景观的多元化，植物搭配要尽可能避免同类植物的病虫害相互传播与感染，确保植物的健康生长。在艺术性层面应当注重复层植物群落的整体层面设计，把握各个植物种群的稳定性，在美观性层面注重对植物颜色、大小的把控，以提升植物搭配整体的协调性与美感。

采用节能技术、环保材料和清洁能源。在可持续发展要求下，城市园林建设必须关注于长远效益，在选材过程中，应优先选择无污染、可降解、可循环利用的材料。如在园林软硬景观施工设计、地面铺装设计中，需要使用到水泥材料，可通过选择生态水泥，提高材料的环保性，同时发挥材料性能优势，提高施工质量。另一方面，园林内的照明设施等，可设计为太阳能、风能供电方式，减少园林景观在长期运行过程中的能源消耗。此外，应提高对园林维护的重视，改变以往只重视建设的理念，确保园林能够长期的发挥其观赏功能和生态功能。在设计过程中，明确各种材料、设施的使用寿命，制定修缮和维护计划，确保城市园林能够保持良好的状态。

在园林景观设计层面协调生态建设与社会效益和谐发展。现阶段国家提出的打造绿色化城市，为城市园林景观设计提出了新的要求，在实际的景观设计中，还需综合思考如何

把握生态建设与社会效益的和谐发展，坚持以人为本的设计理念，思考如何发挥园林景观的优势性，提高城市建设的整体经济效益与绿色发展效益，尤其应注重城市居民区内自然景观的设计，为城市居民创设人与自然的和谐空间，营造环保节能、可持续发展的生生不息的生态城市。

综上所述，现代城市园林景观设计发展中，可持续发展理念已经成为城市建设与设计的主要基础理念。通过以可持续发展理念为指导，注重园林景观艺术效果与生态效益相融合，阐述了提升城市园林景观设计可持续发展的重要途径，旨在推动城市园林景观设计的进一步创新与发展。

第五节　城市排水系统与城市生态景观可持续化的关系

针对城市化建设问题，本节首先提出了城市排水系统的概述，其次分析了城市排水系统与城市生态规划关系，然后对城市生态系统同城市内涝关系进行了简析，最后提出了城市排水系统与城市生态景观可持续发展之间的影响。旨在通过分析城市排水系统与城市生态景观可持续化之间的关系，合理解决部分城市排水系统存在的问题，有效调节城市生态环境景观，提高城市的美化效果，进而有效促进我国城市生态景观的可持续发展，加快我国城市化进程的速度。

在对城市进行规划的过程中，需要对城市排水系统进行合理的设计，从而保障城市雨水排泄能够顺利开展，避免出现城市内涝的情况，并且对城市生态环境景观进行合理的调节。与此同时，在调节生态与气候之间的水循环关系时，城市的排水系统具有十分重要的作用。并且随着社会经济的发展，城市化进程的加快，人们对于地面上的景观与园林绿化逐渐提起重视，但是却一定程度上忽略了景观与园林地下的景观，一定程度上增加了城市内涝情况出现的概率。因此，为了有效保障城市景观与园林地下的健康发展，就需要相关部门提高对排水系统的注重，合理分析城市排水系统城市生态景观之间的关系，从而推进我国城市的可持续发展。

一、城市排水系统概述

通常而言，城市排水系统主要指的就是城市中产生的污水以及雨水进行处理，属于一种排水工程设施，是城市公共市政实施中的重要构成之一。另外，城市排水系统还具有一定的综合型，不仅仅包含着城市水资源的循环流动，还循环着城市的生态以及空气流动，对于城市的生态建设具有一定密切关联。与此同时，排水系统能够将城市中的雨水以及污水等生产生活用水引入到水处理系统中，并且还能够将处理过后的水资源引入到城市建设系统中，为城市的发展以及保护生态环境提供有力支持，促进城市生态景观的建设发展。的

二、城市排水系统与城市生态规划

客观角度来讲，城市排水系统是城市大系统中重要的组成部分，同时还属于水系统的重要构成之一。因此，在对城市排水系统进行规划的过程中，还需要注意将其同城市规划和水资源规划进行协调融合，既能够充分满足城市的供水需求，还能够促进城市的稳定发展，结合区域水资源的实际情况，合理调整城市的发展，并且制定相关的制约要求，从而促进城市生态景观的发展。

另外，在对城市排水系统中的生态景观进行规划时，还需要注意根据实际的土地情况，采取适宜的原则，同城市自身的系统进行合理协调，在原有城市结构基础上，保障城市水资源系统的多样化。同时，具有多样化以及立体化的城市排水系统，不仅仅能够更好地发挥城市水资源的积极作用，还能够促进城市水资源同自然水源的连接融合，让城市水源能够成为自然水体的构成之一，不能将城市水资源同城市生态系统进行独立设置，从而有效对城市排水系统同城市基础设施中存在的问题进行合理解决。

除此之外，在对城市生态景观进行规划的过程中，还需要根据城市的经济、人口等因素，保障环境同排水系统中的协调发展。并且对区域性的生态问题提起重视，在对其进行解决时，也需要在区域化条件下进行，同时保障城市生态规划设计具有一定的层次性，由于城市生态系统具有较多层次，因此，需要加强生态平衡的重视，保障城市的生态发展。

三、城市排水系统与城市内涝关系

城市发生内涝的主要原因，就是由于城市发生强降水或者出现连续性降水的情况，并且降水量超过了城市排水系统所能承受的程度，进而导致城市内出现了积水灾害。客观角度来讲，出现内涝的情况，主要是降雨强度过大，且降雨范围较为集中。并且在降雨速度较急的地方，还可能出现积水的情况，对人们的日常出行造成不利影响。

城市化进程的加快，也会在一定程度上加剧城市内涝的情况，城市不断进行扩张，使得城市人口急剧增加，进而使得城市面积加大，原有的自然泄洪区河道以及湿地被占据建设城市设施。当城市发生强暴雨时，会导致雨水难以渗透到地表之下，就会在城市道路上流淌堆积，导致城市发生内涝。

四、城市排水系统发展模式对城市生态景观质量的影响

保持水资源的平衡。自然地域在发生降水时，经过林木的截留，会有少部分的水资源经过地面径流排出，而被林木截留的部分，会有一部分被树木蒸发，同时还会有小部分渗入到地下，成为地下水，另外，还会有部分水源在蒸发，剩余部分则会维持河流旱季的流量。因此，在自然流域中，很少会生成地面径流的情况，能够有效防止水患情况的出现，并且有效保障旱季河流的基本流量，增加地表水分蒸发量，从而使得气温能够得到合理降低，保障温度的舒适性。而在城市地域内，不仅仅林木大量减少，导致水资源不能被地面以及林木进行截流，还受道路的影响，导致地面铺设以及城市设施的构建，绿化地带的减

少，导致降雨很难渗透到地下形成地下水，一定程度上使得地下水位有所降低，并且造成城市气温上升的情况。同时，大部分城市的地表面几乎被道路或者各种景观物覆盖，缺少园林建设，进而使得气温由此上升，而人类又为了能够降低气温使用空调机，加剧了能源的消耗，让气温上升陷入了恶性循环当中，进而加剧了城市出现内涝的情况。

例如，可以结合城市的实际情况，合理建设雨水花园，在城市公园中或者居民小区的绿地内，借助植物或碎石等来对雨水进行截流，并且吸收与净化处理，多余的水溢流至管网，下渗的水可以用于回灌土壤或补充地下水。由于雨水花园的建设成本相对较低，因此，此种方法能够同景观场地进行有效的融合，从而便于相关人员对雨水花园进行管理维护。因此，可以在建设城市排水系统过程中，融入雨水花园等相关生态排水措施，从而保障城市生态景观的合理建设，促进城市的可持续发展。

促进城市水循环。目前，大部分城市景观物以及城市设施的增加，导致雨季降雨渗透量降低，加剧地表径流量情况。当雨季来临时，城市则很难有效对雨水进行处理，一定程度上增加了城市内涝情况的出现。因此，就需要对城市地面径流量进行控制，增加雨水在地面径流的时间，从而使得雨水都能够缓慢的排出，最大程度上降低内涝情况出现的概率。与此同时，还可以加强城市内部的绿化建设，改善硬质材料的铺设，让雨水能够渗透到地下，提高地下水的水位，不仅对城市生态环境进行改观，还能够有效解决城市内涝问题。

例如，在城市内涝灾害较为严重的地带建设下沉式绿地，根据海绵城市的建设理念，对城市生态景观进行合理规划建设，根据城市的实际情况，在较低地势地区种植乔木或者灌木等其他植被，保证城市内部生态绿地的建设。当雨季到来时，这些植被就可以将多余的水分进行保存，然后对其进行净化，并渗透到地下，使这片绿地形成生态雨水湿地，不仅能够有效的补给城市地下水资源，还能够有效削弱雨水的污染，实现节约水资源的目标。

城市在发展的过程中，城市排水系统在其中占据十分重要的地位，不仅能够直观地将城市发展过程展现出来，还能够体现出城市的发展变化，同时对于城市的未来建设发展也具有基础作用。另外，城市排水系统还具有一定的综合型，不仅利于城市的稳定发展，还能够对城市与水资源之间的关系进行有效处理，促进城市与水资源之间和谐发展。由于城市排水系统是处于地下的景观，属于排水管网建设，对于城市而言，还具有排洪防涝的功能，进而有效提升人们的生活质量，推进城市生态景观的可持续发展。

第六节　城市边缘区域环境景观可持续发展

随着我国经济快速发展，城市迅速建设与扩张，中心城市地区与周围乡村地区的经济、文化、生态环境差异越来越大，介于其中的过渡区域——城市边缘区域所承担的压力与责任也越来越大。本节主要从可持续发展的角度出发，围绕城市边缘区域环境景观规划的内涵与原则展开研究。

21 世纪以来，随着城市建设和发展进程的加速，中国城市的可持续发展面临着极大的挑战，如城市人口密度过大、生态环境遭到破坏、交通拥堵严重等。城市边缘区域是位于城市和农村之间的过渡区域，它兼具城市和乡村特征，并且人口密度低于城区而高于周围的乡村。城市边缘区域具有较大的开发潜力，在分担城市功能，协同城市发展的同时，也影响这中心城市的建设与发展。因此，城市边缘区环境景观是否可持续发展，对于实现城市生态可持续发展有着非常重大的意义。

一、城市边缘区域的含义与功能

城市边缘区域的含义。伴随着城市化水平发展到一定阶段，德国学者赫伯特·路易斯于 1936 年提出了"城市边缘区域"的概念，认为边缘区域是一个独特的区域，它的特征既不同于城市，也异于乡村。美国区域规划专家弗里德曼认为："任何一个国家都是有核心区域和边缘区域组成。"工业发展阶段，城市快速向外扩张，原有的城市区域转化为城市中心，和郊区结合形成大城市圈，而城市中心区域与乡村之间出现的过渡区域，即"城市边缘区域"。由于城市是在不断建设与扩张的，城市边缘区域也因此随着城市的扩张而外扩。因此，城市边缘区域是一个动态地域，并且在未来的发展中可能转变成为城市区域，城市和边缘区域的界限处于动态变化状态。

城市边缘区域的功能。城市边缘区域作为介于中心城市和外围乡村两大板块中间的特殊区域，是一个非常有生命力、有活力的区域，同时又是一个多种功能混杂的地区。其一，分担城市功能。城市与乡村的各种要素变化梯度大：中心城市人口密度过大、生态环境恶劣、地价飞涨、交通拥堵等；而乡村人口密度小、生态环境保护良好、地广人稀、道路交通畅通。这就会使城市的部分人口、产业向城市边缘区域扩张，形成新的功能区，如工业区、经济开发区、商贸聚集区、科研文教区、住宅新区等。其二，供应鲜活农产品。城市边缘区域毗邻城区，接近消费市场，交通便捷。城市边缘区域的地理优势和市场优势使之有着城市"菜篮子"之称。其三，城市就业饱和，城市边缘区域新功能区的形成，加上其区域位置上的有事，在很大程度上缓解了城市劳动力转移的压力。其四，在城市扩张过程中，公园、风景区、林地、苗圃、农田等绿地以非连续的形态存在于城市边缘区域，形成的绿色生态环境成为城市环境的保护屏障，既可以缓冲自然灾害、调节城市生态功能，又可以成为人们旅游、放松的理想区域。

二、可持续发展的城市边缘区域环境景观规划原则

可持续发展包括了可持续与发展两个概念。发展指的是人们物质财富、精神财富的增加和生活品质的提升。可持续性包含了生态、经济和社会的可持续，其中生态可持续是基础，经济可持续是条件、社会可持续是目的。市边缘区域的环境景观可持续发展既受乡村向城市聚集作用的推动，又受城区辐射作用和自身城市化的内在张力影响，兼具乡村环境景观和城市环境景观的部分特点，包含有自然环境景观、人文环境景观和人工环境景观。

"天人合一"原则。从古至今，人与自然都是相互依存的关系，"天人合一"原则的

主要内涵是人与自然和谐相处的思想。自然环境是人类生存和发展的载体，保留并保护城市边缘区域的原始自然环境景观，在保护整个自然生态系统的基础上，合理的开发和利用自然资源，维护人与自然环境景观的协调关系，以自然生态过程为依据，使城市边缘区域中的生态环境可进行自我调节与净化。

地域化原则。城市边缘区域作为一个动态发展的区域，使得其环境景观在形成的过程中逐渐呈现出当地的人文特点和历史投影。一个优秀的、有规划的环境景观，必须保持区域景观特色和历史文化价值，在适应多元化发展建设的同时，也应保留生态可持续发展的内容。

艺术原则。作为城市的"后花园"，城市边缘区域同时还承担着风景旅游区的休闲娱乐功能。因此其环境景观在满足基本生态功能和历史人文特色的基础上，还应具备艺术性，成为时间艺术与空间艺术的结合体。将带给人艺术感官体验的视觉、听觉、嗅觉和触觉融入环境景观的规划设计当中，带给感知对象舒适美好的感受。当然，这种人工艺术环境景观的创造，也不可脱离人与自然和谐相处的原则，需以自然环境为出发点，利用科学的手段调节，最终呈现出一种艺术的状态。

城市边缘区域在城市发展的过程中有着举足轻重的地位，不但是中心城市的发展区、"菜篮子""后花园"，也缓解了城区人口、就业、土地、交通等压力，并且提供给城市居民可休闲旅游的去处。而其中环境景观的可持续发展规划，可以使城市边缘区域更好地发挥其为城市分担压力、改善生态环境等功能。

第七节　基于可持续发展理念的城市景观生态空间构建

社会经济的快速发展使得人们的生活水平有了极大的提高，人们对于生存环境的需求也随之提升，可持续发展理念在当下城市景观规划中起到了不可或缺的作用。基于此，本节从城市生态学、可持续发展的角度来阐述城市景观生态空间的构建，试图在这一理念下对城市景观生态空间做出相关的分析与研究。

可持续发展是当今重要的理念，也是人们关注的热点问题之一，其核心是发展，包含经济可持续发展、生态环境可持续发展和社会可持续发展。可持续发展可以促进经济、社会、资源和环境保护的协调发展，达到既能推动经济社会发展，更好地满足当代人需求，又能保护环境与资源，使子孙后代能够永续发展和安居乐业。然而，当今生态的失衡，人们对待自然环境的态度，更多的是追求形式与视觉美感为主要标准，城市景观的盲目建设以及对生态伦理的忽视，导致城市景观在生态理念与文脉上的缺失。随着生态概念的提出，城市、人与社会之间的和谐共生也呼之欲出，城市景观设计作为城市规划的一个重要方面，在可持续发展理论的引导下，以自然生态为核心，追求景观设计与生态伦理的相协调，构建生态空间的可持续发展，从而达到城市生态环境的平衡，实现城市景观生态空间的构建。

一、城市景观的生态意义

随着我国城市化进程的加快，城市成了越来越多人居住的选择，人口密度加大、车流量加大，为城市带来发展的同时也造成了极大的危害。环境污染、生态平衡破坏、自然资源的耗损等问题层出不穷。与城市中的房屋景观、道路桥梁不同，城市景观并不是全部有赖于人工创造的一个元素，其表现出鲜明的自然生态性质，它的存在对于改善及维护城市生态环境有着十分关键的作用。正是出于这一特殊要素，城市景观规划设计中的生态性问题备受社会各界人士的广泛关注，对于可持续发展提出了更高的要求。可持续发展不是单方面的，主要涉及三个层面：生态、经济与社会，并且集三位为一体，对于这三个层面来说，最基本的一项是生态可持续发展。就是在社会不断发展的过程中，注重对生态环境的保护，避免环境污染给生态造成的损坏，同时针对那些已经被破坏的环境也要积极的保护与维护。保护生物，维护地球生态完整，这样能够确保用可持续的设计理念指引运用可再生资源，让人类的发展维持在地球能够负荷的范围内。因此，在生态可持续理念基础下发展城市景观规划设计，符合自然生态发展的需求，为城市的发展、城市生态的平衡、以及城市景观提供了更为广阔的发展空间，同时能够保证城市发展中自然形态的空间系统与城市发展的文化脉络这两个组成要素达到内部的均衡。

二、城市景观生态空间的形态构建

在城市景观的设计规划中，空间是最主要的呈现方式，空间内部的图示语言是景观设计最为重要的表达途径。借助空间形式语言对整个格局进行规划，然后再进一步指导与调整整个生态过程，确保它能够对生物圈的可持续性发展具有一定意义，这样一来就给城市景观的规划设计创造了全新的想法以及可实践的手段。在生态可持续性理念下的城市景观设计问题，针对性研究要依据空间系统与格局，将其作为根本基础，将"生态——空间"的相关性作为关键性环节来进行探讨与研究。

空间形态要素的内涵与特征。对于城市空间要素的把握，其中城市空间格局是整体关系中不可或缺的环节，对于景观格局中的空间形态主要是形态及大小的景观元素在空间上的排列，景观元素、空间的形态与位置等都是构建城市生态景观的重要因素，同时生态作用在景观空间格局中也会加以体现。对于景观空间格局相关内容的研究中我们可以了解到当下景观空间格局可以在多个方面得以体现，比如绿地、森林、城市等等，尤其在城市的景观空间把握上更需要有着明确的方向，它关乎着城市的发展、绿地的建设、生态系统的维护等方面的不断推进，形成了目前城市景观空间格局中多种不同的表现形式，其中有景观空间统计特征、景观动态模型以及比较景观格局指数等多种内容。然而，在景观空间格局的构建上，生态环境的概念仍旧是相对薄弱的环节，尤其在当下科学不断发展的今天，生态理论不断被提升到一个重要层面，人们开始越来越重视景观空间格局中生态理念的表达，提出生态空间格局的构建，开始注重景观生态空间的研究。与此同时，景观生态空间的格局也包括了自然环境以及人类活动等多种不同的构成因素，这对于城市发展、资源利用以及社会经济也都有着非常重要的影响，这对于城市未来的发展也将产生非常重要的意义。

生态——空间的动力机制。从以上对景观生态空间的初步理解中，可以看出生态系统的要素以物质形态而存在，就必然具有一定的空间位置，众多的要素对应众多的空间位置共同形成特定的格局。可见，"生态"和"空间"具有某种对应的关系，一定的空间格局对应了一定的生态状态，两者是有机的构成，形成了一定关系上的动力机制。这种动力机制影响着城市景观整体空间格局与生态环境的平衡，即相互影响又相互依赖。由此可见，城市景观生态空间既是城市总体空间的有机构成，同时又受到城市空间发展的社会经济动力的影响，是城市经济社会驱动力与生态系统约束力双重作用的结果。然而，在城市景观空间构建的同时，文脉的发展也起到一定的影响作用，文化作为城市景观发展的重要组成部分，反映出来的是场地环境特有的心理认知感以及文化认同感。这种文化驱动力的呈现，综合了人、社会与城市的关系，映射出景观文脉的历史状态，与生态理念的有机结合，实现了景观生态空间的延续性和文脉的可持续发展。以衢州鹿鸣公园为例，其项目位于衢州市西区梁溪西岸，在城市整体规划中处于公园用地，具有草地、灌丛、河流、农田、村庄等多样的自然环境景观要素，设计师在整体规划中通过对景观空间的有机整合，使空间格局上具有一定的弹性，合理利用本地丰富的自然资源及文化资源，实现了资源的循环利用，发挥了更大的湿地效益与生态经济效益，同时强调人与自然的和谐共生，在不影响生态环境的基础下，实现可持续发展的景观生态空间的构建。

三、可持续理念下城市景观生态空间的构建

从以上的分析得出，城市景观生态空间的构建是建立在一定空间格局合理安排的基础上，在生态理念的指导下，合理地选择和使用资源以减轻对自然生态系统的影响，从而最终保证人类和生态系统发展的可持续性。同时也需要从经济、社会、文化等多个维度进行分析和研究，从而实现景观生态的平衡与可持续的发展，构建这样一个空间体系，更需要从以下几个层面来整体把握：

强调城市景观的地域性特征。我们知道，受传统生活方式及约定俗成的社会环境的影响，不同地域文化的差异性导致人们对空间的认知、生活方式的选择具有明显的地域性特征，这也是受地域发展的不平衡性所影响，使得呈现出文化的多样性与人文特色的不同。城市景观在发展过程中，所呈现出来的地域性特征具有强烈的文化特色与延续性。景观的地域性不仅能反映出一个城市的文化特色，也是这个城市的景观形态、空间格局与历史文脉的有机整合，更是一种基于地域性的生态行为。强调城市景观的地域性特征，一方面是基于长期的环境及其建立起来的文化层面上的自觉性，一方面在把握城市景观的文脉和地域特征的同时，生态与自然环境的协调共生是构建景观生态空间必要因素。总之，城市景观的设计离不开地域性特征，通过地域性特征诠释城市景观生态空间的内涵意义，从而形成独具特色的地域性城市景观。

注重生态空间的延续性。城市景观作为生态系统的一部分，通过调整生态与环境的关系来实现景观设计的可持续发展，维护着资源的可循环与再生的利用，景观生态空间的延续性就体现在人、自然环境与城市的和谐发展，保护和发展城市自然生态系统，保证人们生活的长久延续。因此，城市生态空间具有生态、经济与社会文化的多维功能，同时应重视生态空间对城市的自然生态效应的影响。一片绿地、一条街区、一座公园、一片草地都可以是一个生态系统，在这样的生态系统中，其可持续性受到生态发展过程中多样性与复杂性等多方面的影响，城市生态空间格局及其优化机制尤为重要，反映了以人为本的理论导向，要做到人与人、人与自然的和谐统一。

传承可持续的共生理念。在现代城市景观设计中，需要遵循的一个本质就是以人为本。城市景观的设计，是为了更好地方便居民的需求，符合居民的生活所需及审美需要。建立起人与自然和谐共存的生态理念，并在这一基础上规划人们的行为方式和生态过程存在的关联，帮助推动城市景观的运用和生态功能的一致。而这种和谐共生的理念在早期的传统文化中一直促使着人类文明与文化的进步，人类始终与所处的自然环境相互发生作用并保持着均衡的发展，对自然的依赖性体现在尊重自然、顺应自然的发展。从而衍生出中国传统哲学思想——"道法自然"，这种朴素的文化哲学观始终贯穿着生态伦理观。"道"是高度概括的自然，自然的规律、万物的生长都遵循于自然之"道"。可以说这种朴素的自然观与西方的"人定胜天"的哲学观形成鲜明的对比，中国的哲学思想更多地表达了和谐共生的理念。在这种生态观念的指导下，城市景观的发展模式应讲究城市环境与自然环境的共生与生态空间的可持续发展。然而在城市景观的设计中，我们看到更多的是对自然理解的缺失，导致生态空间的构建片面化与形式主义，忽视环境与景观的本源关系。生态问题与环境问题的解决需要建立在人与自然和谐共存的基础上，只有这样才能真在做到传承可持续发展的哲学理念，才能建立起环境的和谐整体观与共生意识，在满足人类基本空间需求的同时保护生物的多样性、处理废物废水、减少不可再生能源的消耗等等，城市景观生态空间的构建才能在正确认知的前提下，实现可持续的发展。

突出文脉的可持续发展。景观文脉是指旅游目的地自然景观和人文景观的文化内涵及其有机联系，是区域自然地理背景、历史文化传统、社会心理沉淀和经济发展水平的四维时空组合。它是长期以来自然、人类和社会等各个方面自发形成联系的综合反映，进而形成的复杂脉络关系。城市景观设计在遵循文化的发展脉络中体现"人——自然"之间互相依存的关系，人作为客观世界的主体，强调着以参与者的身份来协调人与环境、文化、社会之间的共生，环境也因人的存在而产生积极的意义。因此，在人与自然的作用关系上需从整体上把握城市景观生态空间的发展，延续景观自身的文脉特征，从价值层面上进行城市景观的重建，最终形成"人——自然"的可持续景观的生态模型。

综上所述，从可持续理念的发展观出发，本节针对城市景观生态空间的构建做出了一定的分析与研究，从设计哲学角度，融合中国传统哲学的共生观，协调人、环境、空间格局之间的和谐共存；从文化脉络的角度，建立自身的城市景观文脉的可持续发展；从生态学的角度，注重生态空间对城市自然环境的影响，探究生态与空间所存在的关联性。由于人与自然长期相互依存的关系，将"生态——空间格局"作为重心，以可持续性为理念，建立和谐共生、文化传承以及可持续发展的城市景观生态环境，建立生态空间格局的合理性，以此推动以人为本的自然——经济——社会复合系统协调、稳定发展，从而实现城市景观设计的生态价值体系建立。

第七章　城市规划管理的实践应用研究

第一节　GPS 在城市规划管理中的应用

在城市的总体规划管理和新城市的建设过程中，GPS 等先进技术的应用对于城市规划管理的调查与分析、各种类型的规划管理数据检索都起着重要的作用。本节对 GPS 技术进行概述，对 GPS 在城市规划管理中的应用进行了分析。

城市规划管理对于城市社会经济的发展，城市人民生活水平的提高都有着重要的影响，并对城市建设水平的提高起着不可替代的作用。在城市规划管理过程中如何应用 GPS 技术对城市规划管理进行科学的实践？对于城市建设的实施、城市经济和社会发展目标的实现都有着重要的影响。因此城市规划管理部门需要建立全方位的监督检查机制，进行街道和建筑结构的准确定位，并通过理论与实践的有效联系，在生产和施工过程中建立更加先进的技术平台。从而为城市规划管理提供更加先进的测绘技术和专用的规划方式，最终更好地提升城市规划管理水平。

一、GPS 概述

随着全球城市化进程的不断加快，GPS 全球定位系统、遥感技术、计算机技术、地理信息系统等技术在城市测量、城市规划管理中的应用越来越多，并为城市规划管理提供了一个多元化、高效化、精确化的技术平台。以下从几个方面出发，对 GPS 技术进行了概述。

GPS 的工作原理及配置。全球定位系统（GPS）是美国的全球卫星导航系统的发展。GPS 提供了实时三维坐标和全天候的高精度导航，因此对于定位的速度和效率都有着很大提升。GPS 系统由三大部分组成，分别是 GPS 空间卫星、地面监控系统和用户设备部分。GPS 的应用对于数据的测量、软件的处理水平、用户导航设备性能的提升都有着重要影响。在 GPS 的应用中，用户可以通过 GPS 接收机接收 GPS 卫星信号，并利用交叉点的距离测量的原理采用差分定位技术、计算机技术并利用相应的软件，从而提供合理的城市规划管理方案，最终满足不同的城市规划管理要求并提供高精度的规划管理数据。

GPS 的测量方法及行业标准。卫星导航定位的精度、性能相比传统的测量方法都有着很强的优越性。各种类型的 GPS 接收机在城市高精度测量中得到了广泛的应用，并对计算机数据处理和相关软件的开发都有着很大的影响。在城市勘测和城市测绘方面，基于全球定位系统的技术规则和《城市规划管理条例》的相关法律法规，在城市规划管理过程中通过运用 GPS 观测。在测量点的标准操作流程中，可以进行 GPS 的静态和动态观测，尤其是在城市的郊区规划管理中，GPS 通过进行详细的测量调查，可以高效的进行地形测量工作。

GPS 的优越性。GPS 可以精确地测量天气情况。并且随着 GPS 测量速度加快，GPS 相比传统的测量方法有着更大的优势，并可以完成不同的城市规划管理任务。掌握 GPS 仪器的安装和运行对于数据的有效处理和计算机软件的快速完成都有着很大帮助，从而可以更好地实现真正的数据处理自动化。GPS 的应用有利于数据的分组交换，同时对于卫星网络、数字地图和地理信息系统的都有着重要的影响，并对实时动态测量效果也有着极大提升。

GPS 的缺点。GPS 定位系统同其他的测量方法一样，在实际测量中必然出现缺点和误差。GPS 的卫星的传播途径和接收机对 GPS 的计算机控制有着很大影响。错误的控制对 GPS 的数据处理和用户信息处理的结果起到很大影响。作为一种先进的测量仪器，GPS 缺乏相应的适应性。首先 GPS 的抗电磁干扰能力不强。在广域测量方面，GPS 作为一个高科技的设备对接收到的卫星信号无法做出有效的测量，并对复杂数据的结构分析方面显得较为无力。

二、GPS 在城市规划管理中的应用

GPS 对于城市规划管理的工作环境、规划数据的正常测量、城市施工的顺利进行都有着重要的影响。城市规划管理人员可以利用 GPS 来保证城市规划管理的运行效率和精确的测量数据。在这种情况下，GPS 的应用可以有效解决规划管理过程中误差和错误的出现，从而极大地提高了 GPS 接收机的工作效率，克服了 GPS 的固有缺点，使其能够准确地执行计划。以下从几个方面出发，对 GPS 在城市规划管理中的应用进行了分析。

GPS 在城市规划编制过程中的应用。GPS 对于城市现状的测量、电子数据与地形图数据库的及时更新有着重要的促进作用。GPS 对于城市建筑和城市的具体分类、城市规划的基本条件可以通过大比例尺地形图进行研究，从而可以更加方便地对影响城市规划管理的因素进行分析。

GPS 在城市规划管理实施中的应用。GPS 在城市规划管理中，工作人员可以从建设项目的规划管理出发，对规划地区的历史文化遗产进行有效的保护。在开展规划管理实践时城市规划管理单位可以对城市规划的全过程进行有效的监控与分析，并对城市主要部分的管道施工进行测量放线和测量评估，同时对其他竣工的建设项目进行远程质量验收，为城市规划和管理部门及时提供精确的调查结果，并可以进行适当的测量，从而更好地促进城市规划和经济建设的顺利进行。

GPS 在处理城市规划管理纠纷的应用。在过去几年，随着我国城市化的加快，城市建设规划过程中纠纷现象不时发生，使许多城市的规划管理计划遭到了严重的破坏。这种情况下，城市规划管理部分可以通过利用 GPS 实现纠纷的合理解决，通过提供高精度的观

测数据和观测站之间的有效通信，来减少纠纷的发生。在城市建设和规划管理的过程中冲突在所难免，GPS 通过测量和演示实际的规划管理情况，为城市的规划管理提供了准确的数据和合理的依据，从而提供了可以确信的事实，最终有效地避免了城市规划纠纷的发生。城市规划管理人员通过利用科学测试来减少城市规划中不必要的纠纷，从而促进城市建设的良性发展，为经济建设的快速发展创造良好的环境。同时对于防止纠纷的扩大有着重要的作用，从而减少了因纠纷而产生的时间浪费，最终提高了城市规划管理的效率。

随着科学技术的不断发展，GPS 也在不断地成熟与完善。任何一个新技术的发展与应用，都离不开与实践的良好结合和对创新的有效总结，GPS 也是如此。GPS 的引进可以有效地解决传统测量方法解决不了的测量问题，并对城市规划管理水平的提升起着重要的促进作用。我国应当加大对于 GPS 技术的研发和应用，对于 GPS 的优点加以发扬、缺点加以克服，从而更好地促进 GPS 在城市规划管理中的应用。

第二节　城市规划建设管理中倾斜摄影测量的应用

近年来，随着社会经济的不断发展，科技发展与更新的速度也越来越快，城市化的进程也在不断加快，各项基础建设的规模不断扩大。中国城市基础建设速度有目共睹，越来越多的科技被应用到城市基础建设当中，其中倾斜摄影测量技术便是被广泛应用的测量方法之一，也是近年来发展较为迅速的新型测绘技术。主要通过获取现场实景的三维影像，使测量结果更具真实感，使所测量建筑物纹理较为清晰。通过对该项技术在城市规划以及全貌展示、建筑实景监测、传统建筑维护中的应用进行分析，进一步探讨其在城市规划、设计、建设以及管理当中所起到的重要作用。

近年来，在中国经济持续发展的背景下，各地逐渐加快了城市化建设的进程，随着大量资源逐渐集中于城市中，越来越多的人口不断的涌向城市。对城市而言，负担也在不断加重，因此，城市管理成了一大问题，对管理者而言，更能考验其管理能力。BIM 技术的广泛应用对城市建设规划、城镇管理以及决策提供了强大的数据支持，但模型和实物还是有着一定区别的，所以，该项技术也逐渐无法满足当下的发展需要。倾斜摄影测量技术能够呈现实景三维效果和尺寸的合理可测量性，当前已被广泛应用于项目建设审批、城市规划建设以及建筑物维护等诸多方面，效果显著。

一、倾斜摄影测量技术概述

倾斜摄影测量技术主要是通过应用飞行器上的传感器，在飞行过程中，从不同的角度对建筑物的影像进行采集，进而获得地面建筑物的全面综合数据，数据通过整合处理之后，逐渐形成实景三维影像。与一般的航空飞行摄影相比，倾斜摄影测量技术在航拍过程中能够直观地获取建筑物的立面影像，让影像更加的直观简单。该技术所呈现的实景三维影像效果真实逼真，能够全面地展示建筑物的纹理和具体形状，且呈现效果符合人类的感知习惯，所拍摄的实际数据经过处理之后，能够展示具体的坐标位置，这样能够对坐标、建筑物的长度以及高度、建筑物的实际面积等进行直接测量，有效地弥补传统建模获取数据时的缺陷。

二、技术应用

城乡风貌展示。在倾斜摄影测量技术还未广泛应用之前，一般对城市风貌进行展示时，主要是选取具有代表性的场景，再选择较为恰当的角度拍摄相关照片和视频，最后进行后期的解说。这个过程会受到一定的条件限制，且该方式并不能直观地反映出建筑物的真实风貌，随着倾斜摄影测量技术的应用，有效地改善了这一问题。该技术通过无人机获取相关数据，在空中的高度和角度能够结合实际需要进行调整以及设置，所拍摄的影像能够更加直观地展示一个区域当中的原始风貌，与三维模型相结合，其展示效果是传统方式所不能比的。

传统和历史建筑保护。中国有着悠久的历史文化，在长期的历史发展过程中，保存有大量完整的历史建筑遗迹，传统的历史建筑是民族文化的延续以及传承。因此，必须要不断加强全民保护意识，相关部门应当采取多样化的方案措施，且要具备高度的责任心。与西方欧式建筑相比，中国大多数的传统建筑几乎都是以木材结构为主，因材质的原因，使得建筑物更容易受到气候因素的影响，很容易受到破损。当前，由于多方面的原因，文物保护名录当中的建筑物只是中国所有建筑物当中的一小部分，越来越多的历史建筑逐渐处于无人看管的状态，很多建筑物年久失修。因此，维修工作刻不容缓，想要做好维修管理工作，获取全面的影像资料是前提，在日常维修以及重建工作当中，精准的一手资料能够起到关键性的作用。通常，大部分的传统建筑物因为年代比较久远，在建造时的设计图纸已经丢失，而采用倾斜摄影测量技术能够真实全面地获取三维影像，能够最大程度上保存建筑物的纹理细节。且在维修过程中，还能够保持其独有的特质，许多的仿古建筑在实际建造过程中，因为不注重其中的细节及纹理，才会呈现出一种不够真实的感觉，与修建初衷不一致。

此外，目前的激光扫描技术能够对建筑物的室内外进行全面的扫描，建立清晰完整的三维影像，这样利于之后的修缮维护工作，三维影像库的建立方法已经为广泛应用于历史建筑工作中。

规划辅助决策。在城镇建筑规划建设中，规划审批是其中极为重要的一部分，不管是何种地块建设，一般都会有共性需求，主要是与周边环境之间的相互协调性。在BIM技术诞生前，协调性带有强烈的人为主观意识，BIM技术诞生之后，三维环境能够对建筑物的尺度、高度以及形态等进行全面的对比，对建筑方案以及具体协调性、优劣性作出判断，最大程度上保障规划方案的真实有效性，为其提供强大的技术支持。

BIM主要是人为建模，因此，当建筑物较为复杂且年代较为久远的情况下，BIM技术不能够很好地展现其细节，尤其是建筑物的纹理、色彩等。而倾斜摄影测量技术采用多个角度形成三维影像，能够与实际场景保持一致，在这样的环境中，能够全面地反映设计规划方案的真实可靠性，能够为决策规划提供一定的辅助作用。随着城市化的进程越来越快，许多城市逐渐形成了城市战略规范方针，即城市在快速发展过程中，主要是向外扩张，其主要任务便是城市规划建设，不断落实城市设计，除了正常的规划之外，还应当跟进更新完善工作。这不是进行大型项目的拆建，而是在不改变城市格局的基础上，对相关配套设施进行完善，逐渐丰富其使用功能，以和谐发展为前提，进行恰当的改造工作，让城市更加富有活力、让历史得以延续，带给生活在这个城市当中的人更多不一样的感受，甚至能够在这座城市当中寻找到属于自己的乡愁及记忆，喜欢上这座城市中的每一个角落。

与以往粗犷式的建设规划不同，现代城市建设更像是精耕细作，在不断完善及调整相关功能的基础上，还应当不断优化其协调性，在以往二维条件下很难对其进行判断，随着三维空间技术不断地发展与完善，提供了更多的可能性。且技术手段也在不断地更新与完善，在原有的基础上进行设计与规划，不仅简单而且直观，使得城市当中原来的风貌和改进的部分共存，且能够在三维技术上进行改进和编辑，所采用的设计规划方案与实际达成一致。再加上动态展示效果，能够更加生动形象地展示出城市风貌，就像是在看 3D 电影一样。

此外，倾斜摄影测量技术还能够运用于街道改造、广告设置中，在改造前，相关设计人员可以对现场实景照片进行采集，以原有的施工图纸为前提，以往的改造设计效果较为一般，审批人员不能够精准进行判断决策，采用倾斜摄影测量技术能够有效减少工作量，且获取影像也是全方位无死角的，设计人员可以通过三维影像进行设计，为决策者提供更为精准的决策依据。

违章建筑监测。随着城市化进程的不断加快，城市当中的各项违章建筑层出不穷，虽然相关管理部门也采取了一定的措施进行全面整治查处，但是由于多方面的原因，监管力量有限，导致城市当中的违章建筑仍然不能得到有效解决。违章建筑既对城市市容产生了很大的负面影响，也极大地扰乱了城市建设过程中的秩序，目前，违章建筑相关信息主要来源于一些人员的举报和工作人员的巡查，对于空间密闭以及屋顶上的相关违章建筑，巡查工作很难开展，业主在不配合的情况下很难进行取证。因此，也很难依法处置。随着无人摄影技术的不断发展，可对相关违章建筑采取全方位无死角监测，有效地提升工作效率，通过对比两次影像图，便能够确定违章建筑信息，对违章建筑信息进行真实有效的记录，最大程度上杜绝私建乱搭的情况。

三、应用展望

近年来，随着科技的不断发展，倾斜摄影测量技术也得到了快速的发展，其软件产品不断换代升级，且投入成本也会不断降低。将激光扫描等新型技术应用其中也会极大地提升倾斜摄影测量的精确度。该项技术的广泛应用会逐渐取代传统的数据获取方法，相关实践证明，当影响分辨率高于 5cm 的时候，所建立的三维模型与实际的坐标点误差符合比例尺测量的精确度要求。该技术在工程设计过程中能够为建设投资预算、面积统计等提供较为精准的数据支持，也能够为城市精细化管理、土地规划利用、地质灾害评估等方面提供强大的数据支持。

随着科技的不断发展，其应用范围也在不断扩大，倾斜摄影测量技术的应用能够有效提升三维建模的效率，还能够保障数据的高效、快速和精准性，在实际应用当中，能够及时获取全面的影像资料，为城市规划建设管理提供精准的参考数据。

第三节　规划监督测量在城市建设管理中的应用

在城市规划管理中，实施工程测量有利于提高规划管理的效率水平。工程测量中有许多工程，包括工程测量、设计和施工。所以，只有使基础测量的工作得到了改善，才能确保整体规划管理水平的提高。

随着城市化建设进一步推广，立足于城市发展要求，对城市规划建设与管理进行全方面管理，已成为未来城市规划管理工作的重要内容。在信息化时代的大背景下，测绘工作在城市规划建设与管理中的作用越来越明显，做好测绘工作的质量控制工作，在推动城市现代化建设中发挥着重要作用。但从测绘工作的开展情况来看，受多方面因素影响，工作人员不能有效的根据城市发展要求优化测绘工作内容，一定程度上降低了城市规划规划建设与管理效果。因此要重视对测绘工作应用问题的讨论，为推动城市快速发展奠定基础。

一、规划监督测量的意义

社会意义。测绘产生的准确数据可以为建设过程提供更完善、更全面的服务，测绘的数据还可以存档便于查阅，让设计有理可依、有据可循。同时，在当下所处的信息化、数据化大时代里，测绘数据的应用更顺应时代和社会的发展需要，具有一定的社会意义。

法律意义。测量数据具有一定的法律性，工程的建设和验收过程中，规划监督测量可以严格控制工程的精确程度，为项目严格把关。对于不按图纸审批要求施工、不合理用地、不规范执行国家法规政策的项目而言，规划监督测量的意义更为凸显，可以对其不规范行为进行严格把关，尤其是规划验收阶段，测量数据对建筑严格的精确度要求以及国家法律法规颁布标准的严格执行，具有较高的法律意义，使工程项目严格依法执行建设。

二、规划监督测量的原则

规划监督测量应严格执行国家相关规范和法规，这是其有序发展、发挥自身积极作用的重要前提和有力保证，应坚持实事求是、规范性的原则。规划监督测量应与时俱进，随着社会发展的不断完善，可以通过调研或征询意见等方法，吸取好的意见和建议，提高专业水平，坚持以科学性为基本原则，提高专业技能与质量。规划监督测量还应以独立性为原则，保证测量质量和数据更具客观性，对所有工程项目一律平等的原则，发挥评估测量的基本职能，具有一定的透明性和可监督性。独立性原则是确保规划监督测量公正执行的基本前提。

三、规划监督测量在城市建设管理及相关领域中的应用

在建设用地规划管理中的应用。对城市规划人员而言，建设用地规划管理是建筑项目选址规划管理的继续，是整个城市规划管理中的重要环节。在城市测绘技术的辅助下，规划部门能根据整体城市规划要求，确定建设用地面积和范围，提出土地使用规划要求，并核发建设用地规划许可证的行政管理工作。常见的技术应用方法就是地块勘测定界测绘和红线图测绘工作，就是在原有城市各项目分部格局的基础上，通过"红线一张图"审核，将建筑工程设置在预想区域，判断该项目是否满足城市发展要求，最终确定该工程项目的用地红线及各项规划指标。

测量在城市房产管理中的应用。现在我国的房地产市场步入了快速发展的轨道，而房产测绘是采集和表述房屋和房屋用地的有关信息，为房屋产权、产籍管理、房产开发提供房屋和房屋用地的权属界址、产权面积，是进行产权登记、产权转移和产权纠纷裁决的依据。而房产测绘的主要成果——房屋分户图则为房地产评估、征收房产税费、房产开发及交易等方面提供了数据。房产测绘同时也为城镇规划、建设、市政工程等城镇事业提供基础资料和有关信息，保证信息共享、避免了重复测绘，而且其本身具有的广泛数据源，也是建立现代城市管理信息系统的基础信息。

经济技术指标的核实与审批中的应用。该阶段主要是指经济技术指标的核实，经济技术指标主要用于报规以及为方案设计阶段提供参考。在项目设计方案得到批准后，应按地方标准、规划部门及国家推行的政策标准进行工程建设面积的测量，得到真实的数据。在这个过程中，规划监督测量单位属于中间部门，既为开发商、设计单位提供相关数据资料，又接受审批部门的核实工作，这样一来，既保证了测绘数据的真实性和准确性，又使方案设计具有高效性。

建设项目选址阶段的应用。项目选址阶段为项目的建设初期阶段，该阶段总图中所绘制的用地红线、用地界线、建筑用地范围等边界线和条件图，所依据和参照的就是从当地测绘单位所提供的条件中选取的。不仅如此，该阶段获得的测量数据以及地形图，可以从中大致掌握基地地形、周边大致环境以及附属设施配套情况，为下一阶段的深入设计、方案的可行性评估研究等都带来较大的帮助。

经济技术指标的核实与审批中的应用。该阶段主要是指经济技术指标的核实，经济技术指标主要用于报规以及为方案设计阶段提供参考。在项目设计方案得到批准后，应按地方标准、规划部门及国家推行的政策标准进行工程建设面积的测量，得到真实的数据。在这个过程中，规划监督测量单位属于中间部门，既为开发商、设计单位提供相关数据资料，又接受审批部门的核实工作，这样一来，既保证了测绘数据的真实性和准确性，又使方案设计具有高效性。

工程竣工后验收中的应用。建设工程竣工后需进行验收，由测绘单位负责其相关验收

工作，并提交真实的数据材料。工程实际的勘测数值如果误差在允许的比例系数范围内，可以准予建设并提交审核意见书，若超出误差允许范围，则需按规定予以相应的处罚。由此可见，竣工后的验收是必不可少的监督管理环节。

测量在城市规划中的作用。一个城市建设的自身要可持续就需制定专项规划来引领。通常情况下，每个城市都有自己的总体规划，应该按照城市发展的总体规划，制定城市道路、供水、排水、供热、电讯、消防、环卫、竖向等一些主要专项规划，避免因未来城市发展、人口增多、基础设施能力不足而重复建设，造成资金、资源和环境的浪费。在城市规划管理中，测量占有至关重要的地位，城市规划方面的测量包括规划区地形图测绘，测绘大比例尺地形图才能为城市的总体规划和控制性详细规划提供保障，城市的各项建设工程最终要体现在城市用地上，不同的地形条件，对规划的布局、道路的走向以及建筑的组合布置都有影响，只有对自然地貌进行一定的塑造，才能使之呈现新的地表形态，最终表达出规划的效果。

综上所述，城市规划管理的实施应注重测量工作的科学实施。随着科学技术的日新月异，一些先进的测量技术也相继的出现。因此，我们需要重视测量技术在城市规划管理中的有效应用，以确保规划管理水平能够得到提高。由于规划监督测量在城市工程测量中的作用巨大，且它是城市建设相关数据的主要来源，尽管我国的规划监督测量的相关工作还缺乏完善，这样就需要我们去努力，使其更加科学、规范和完善，使其更好的发挥对城市建设的指导作用的动力和目标。

第四节　城建档案管理在城市规划中的应用

城建档案作为城市发展的重要凭证，属于科技档案范畴，是人类智慧的结晶。城建档案的有效利用，不仅能够推进城市规划与建设，促进城市经济发展，也能够节省人力物力以及财力，推进智慧城市建设。城建档案管理工作的开展从整体上展现城市建设以及发展水平，涉及城市建设的各个领域，贯穿于城市规划的每一个细节。本节从城市档案管理相关论述展开分析，阐述城建档案管理在城市规划中存在的问题，提出改进城建档案管理在城市规划中的应用对策。旨在提升城建档案管理的质量与水平，推进城市现代化发展。

随着我国城市化建设的不断加强，城市发展在我国经济发展以及社会建设中的重要作用逐渐强化，城市规划与发展作为一门科学，在现代化建设发展的当下，成为人们面临的紧迫任务。社会主义现代化城市建设对于农村发展、国家经济的建设与发展起到至关重要的作用。城建档案不仅承载在城市发展的历史，对城市未来发展也起到指明方向的重要作用，城建档案管理的作用与特点直接作用于城市发展与规划过程中。城建档案作为促进城市发展与规划的重要科技信息资源，对城市现代化建设与发展的推动作用无可限量。因此，对城建档案管理在城市规划中的应用展开研究，具有现实意义。

一、城建档案管理相关论述分析

城建档案是城市规划建设和管理的主要依据和条件，城建档案的管理水平是城市管理水平高低的衡量标准之一，是城市管理科学化的主要渠道。城建档案优化管理，是城市人们正常生活的保障，人们生活中所涉及基础设施建设档案的正确性与完整性，直接作用于人们的正常生活。城市档案是预防自然灾害，减少城市损失的重要基础。城建档案在社会主义经济发展过程中，占据举足轻重的地位，完整的城建档案是城市在破坏后及时恢复与重建的依据。城建档案从科学的角度反映城市的发展规律，是城市科学研究与发展的重要信息资源。城建档案集中反映城市规划建设和管理的过程，对于城市规划与发展以及城市建设科学研究水平具有重要作用。1960年在城市建设基本建设档案规划中，明确城建档案范围包括工业建筑工程、民用建筑工程、交通运输工程、市政工程以及城市规划五分方面。其中国城市规划档案包含城市基础设施建设档案、城市规划档案以及国土整治规划档案三大方面。城建档案管理工作具有综合性、完整性、专业性以及特殊性的特点，城市本身就是一个综合体，城市规划的各项工作以城市为基础展开。基础设施项目在建设过程各项内容相互交错，通过单行工程互相配合，实现城市规划以及城市规划管理工作。基于城市规划的综合性，城建档案管理工作必须要与城市规划需求相符合。工程项目建设项目众多，涉及内容甚广，城市规划发展与建设需要基于城市的历史情况开展，因此档案在管理过程中应注重其完整性。城镇档案项目具有专业性特征，因此在开展管理工作时，必须要注重档案的专业区分，保证其专业性特点。城市规划中，以特殊性事件为对比，规避传统规划过程中存在的弊端。因此城镇档案管理工作在开展过程中，应注重其特殊性，为城市规划发展奠定基础。

二、城建档案管理在城市规划中存在问题

城建档案利用意识不强。城建档案伴随着城市的发展而产生，在城镇规划中发挥着重要作用。档案管理不仅在于保存，发挥档案信息价值才是档案管理工作的真谛。当下社会人们对档案利用意识较低，一定程度上影响城市现代化建设与发展。城建档案管理工作是城市现代化建设、改进以及管理的依据，在城市规划建设之前，将城建档案作为参考依据，避免及建设过程中产生不必要的浪费。由于我国城镇档案管理工作起步较晚，相关系统建设处于发展阶段，导致档案利用意识不强的现象产生。档案利用意识不强直接影响城镇档案作用的有效发挥，对城市规划产生一定负面影响。

城建档案管理制度不健全。城建档案管理制度不健全的根本原因在于城建档案并没有形成行之有效的档案管理机构，导致档案管理的各项工作无法落实，行政执行力缺乏，档案管理组织系统与工作任务内容不符，难以形成上下统一，兼具系统性以及全面性的管理系统。基于此种管理体系，难以对城建档案管理工作进行专业的指导，使之与城市规划需求不匹配，难以发挥城建档案管理工作在城市规划中的重要作用。

城建档案信息化建设落后。智慧城市的建设，对城市管理各项工作提出新要求。城建

档案作为促进城市现代化发展的重要信息基础，其信息化建设的重要性不言而喻。然而在实际建设过程中，由于决策层的不重视、设备配备不到位、城建档案管理专业性、规范性以及标准化等不达标，导致城建档案管理信息化建设相对滞后。

三、改进城建档案管理在城市规划中应用对策

加强宣传引导，强化档案利用意识。扩大档案的影响力，使群众了解城建档案在日常生活中的重要性，以此强化群众档案利用意识，提升城建档案在城市规划中的利用率。档案是依法治国的重要基础，强化人们的档案意识是提升人们法律意识的方法之一。基于法律保证，宣传档案正确利用的重要意义，强调忽略档案利用而造成的经济损失现象，通过对比的方式强化人们的档案利用意识。在此过程中，城建档案管理部门应充分挖掘城建档案信息资源，发挥城建档在城市规划中的作用，让人们在利用档案的过程中受益，以此强化人民的档案管理意识，促进城市档案的利用，推动城市规划建设发展。

依据法律法规，健全档案管理制度。基于城建档案的重要性，我国已经出台关于城建档案管理的相关法律法规，如《中华人民共和国档案法》《中华人民共和国城市规划法》《建设工程质量管理条例》《科学技术档案工作条例》等。城建档案管理工作在开展时应以国家相关法律法规为基础，健全城建档案管理制度，保障档案管理工作的制度化、专业化以及规范化。加大城建档案法律法规的宣传，普及城建档案的法律意识，将档案管理工作上升至法律层面，落实档案管理工作人员的责任以及工作内容，保证档案管理的专业性和完整性质。政府在这一过程中应充分发挥自身的职能，强化档案管理工作的权威性，降低社会上违反城建档案法律法规现象的产生。

拓宽应用渠道，完善档案信息系统。城建档案管理信息化、智能化建设是智慧城市建设的重要体现，也是城建档案适应社会发展与进步的关键。城建档案信息化建设，需要转变传统档案管理观念，以现代化城市规划与建设需求为基础，建立城建档案信息化平台管理。档案信息化建设实现办公自动化，强化档案管理、收集以及利用各个方面。强化城建档案宣传力度，拓宽档案管理应用渠道，实现城建档案信息资源共享，有效发挥城建档案在城市规划中的重要作用。城建档案信息化管理，强化档案管理质量效率的同时，提升城建档案管理工作的服务水平，满足城市规划的实际需求。

在城建档案管理工作中，结合城市规划的具体情况，促进城市现代化以及信息化建设。在档案建设过程中，强化管理效率和管理质量，使城建档案管理工作与城市规划发展相符合，进而推进智慧城市建设与发展。

参考文献

[1] 彭一刚.中国古典园林分析 [M].北京：中国建筑工业出版社，1986.

[2] 郭熙.林泉高致 [M].济南：山东画报出版社，2010.

[3] 王艳.小议中日古典园林水元素 [J].设计与人文，2010（3）：137.

[4] 徐鸿儒.居家室内环境保护 [M].北京：中国建筑工业出版社，2003.

[5] 隋瑞正.生态文明观下的现代环境艺术设计 [J].四川戏剧，2016，08：67-69.

[6] 焦爱新.基于生态文明的现代环境艺术设计研究 [J].商，2014，22：101.

[7] 张燕文.可持续发展与绿色室内设计 [M].北京：机械工业出版社，2008.

[8] 国家环境保护总局科技标准司，中国环境科学学会.室内环境与健康 [M].北京：中国环境科学出版社，2002.

[9] 袁黛.家庭环境保护指南 [M].南京：江苏科学技术出版社，2003.

[10] 袭著革，李官贤，等.室内建筑装饰装修材料与健康 [M].北京：化学工业出版社，2005.

[11] 张绮曼.环境艺术设计与理论 [M].北京：中国建筑工业出版社，2003.

[12] 梁雪.室内软装饰中传统元素的应用研究 [D].太原：山西大学，2011.58-61.

[13] 文建，周可亮.室内软装饰设计教程 [M].北京：北京交通大学出版社，2011.

[14] 孔小丹.绿色设计理念的地域性室内设计方法 [J].家具与室内装饰，2015（9）：98-99.

[15] 贺娜.浅谈室内设计中绿色环保节能设计的新理念 [J].科技视界，2015（32）：138.

[16] 梁寒冰，吴昆，王海辉，等.关于室内设计中绿色低碳理念的应用研究 [J].时代教育，2016（4）：103.

[17] 吴瑶君.绿色理念与室内设计的融合 [J].科学之友，2015（6）：156-157.

[18] 刘爽.绿色设计理念在建筑室内设计中的应用探究 [J].科技致富向导，2016（27）：60.

[19] 刘岩松.关于生态建筑设计的思考 [J].赤峰学院学报（自然科学版）.2015（10）：51-52.

[20] 王健相.于生态建筑设计的思考 [J].安徽建筑大学学报.2015（5）：10-11.